SÜDLICHER UND NÖRDLICHER FLECHTENGECKO

Mniarogekko chahoua und *Mniarogekko jalu*

Christian Langner, Andreas Laube & Erwin Schröder

Mniarogekko chahoua Foto: A. Laube

Inhalt

Bildnachweis:
Titel: Halbwüchsiger *Mniarogekko chahoua* Foto: A. Laube
Kleines Bild: Porträt eines Weibchen von *Mniarogekko chahoua* Foto: A. Laube
Seite 1: *M. chahoua* frißt eine Laubheuschrecke Foto: Ch. Langner

ISBN: 978-3-86659-365-7

3. Auflage 2023

An der Kleimannbrücke 39/41
48157 Münster
www.ms-verlag.de

Geschäftsführung: Matthias Schmidt
Lektorat: Alexander Gutsche & Heiko Werning
Layout: Mirko Barts, Geitje Enterprises LLC
Druck: WmD, Backnang

Vorwort

NEU kaledonische „Riesengeckos“ der alten „Sammelgattung“ *Rhacodactylus* (siehe Systematik) galten noch vor nicht allzu langer Zeit als ausgesprochen rare Kostbarkeiten, an welche der „normale“ Terrarianer zu gelangen kaum eine Chance hatte. Von der Erstbeschreibung der einzelnen Arten einmal abgesehen, war so gut wie nichts über diese Tiere bekannt.

Durch Veröffentlichungen des berühmten deutschen Herpetologen Robert Mertens Anfang der 1960er-Jahre (MERTENS 1964) u. a. auch über die Haltung im Terrarium, wurde jedoch bei so manchem „Geckophilen“ der Wunsch geweckt, mehr über diese seltenen Geckos zu erfahren, bzw. selbige auch in den heimischen Terrarien pflegen zu können.

Dies setzte jedoch ein erhebliches Maß an Enthusiasmus und Abenteuerlust voraus, liegt doch das französische Überseedepartement Neukaledonien am anderen Ende der Welt.

Kaum ein darauf angesprochener „Normalbürger“ ist auf Anhieb in der Lage, die genaue geografische Position Neukaledoniens zu benennen; bei eingefleischten Geckopflegern sieht das allerdings ganz anders aus, kommen

Porträt von *Mniarogekko chahoua* Foto: A. Laube

doch heute viele der geliebten Pfleglinge von dort.

Die neben Neuguinea größte Insel der Südsee zu besuchen, war damals wie heute eine nicht eben alltägliche Angelegenheit, noch dazu mit erheblichen Kosten verbunden.

Vor allem Harald Meier in den späten 1970ern und Willi Henkel seit den frühen 1980er-Jahren haben sich mit reichlich Pioniergeist und persönlichem Einsatz der Sache angenommen. So gelangten durch sie tatsächlich die ersten Geckos der Gattung *Rhacodactylus* in unsere Terrarien, sie vermehrten sich hier erfreulich gut und bildeten den Grundstock der heute gepflegten Tiere. Ihnen ist es maßgeblich zu verdanken, dass diese phantastischen Geckos heute zu den beliebtesten Terrarientieren überhaupt gehören.

In diesem Zusammenhang sei betont, dass die beiden genannten Terrarianer stets in enger Zusammenarbeit mit den lokalen Behörden vor Ort sowie ausgestattet mit den nötigen Ausfuhrdokumenten immer nur wenige Exemplare für den eigenen Bedarf mitbrachten.

Auch zur wissenschaftlichen Erforschung der lange Zeit stiefmütterlich vernachlässigten Herpetofauna Neukaledoniens trugen diese beiden Pioniere maßgeblich bei und entdeckten und beschrieben sogar der Wissenschaft noch gänzlich unbekannte Arten. (Böhme 1979; Meier 1979; Henkel & Böhme 2001).

Die mittlerweile in ihrer neukaledonischen Heimat vor allem durch großflächigen Raubbau an ihrem ursprünglichen Lebensraum bedrohten Geckos, werden heutzutage in unseren Terrarien sehr gut vermehrt und die Anzahl der Nachzuchten pro Jahr geht mittlerweile weltweit in die Zehntausende (De Vosjoli et al. 2003), sodass auf eine weitere Naturentnahme komplett verzichtet werden kann. Alle Arten der alten Sammelgattung *Rhacodactylus*, mit Ausnahme der lebendgebärenden und sich durch eine deutlich geringere Reproduktionsrate auszeichnenden Arten *R. trachyrhynchus* und *R. trachycephalus*, lassen sich so gut in menschlicher Obhut halten und vermehren, dass sie neben Bartagamen und Leopardgeckos sicherlich die am häufigsten vermehrten Echsen in unseren Terrarien sind. Auch die hier vorrangig zu besprechende Art *Mniarogekko chahoua* gehört jetzt zum fast alltäglichen Angebot in einschlägigen Anzeigen und auf Börsen.

Der Südliche Neukaledonische Flechtengecko kann, im Gegensatz zu den meisten anderen Arten der alten Gattung *Rhacodactylus*, nicht mit gutem Gewissen dem Anfänger auf dem Gebiet der Geckohaltung empfohlen werden, da die Pflege und Vermehrung dieser Art doch ein gewisses Maß an Erfahrung voraussetzt. Dem engagierten Terrarianer, der schon einige Erfahrungen in der Haltung und Vermehrung von Geckos gesammelt hat – im idealen Falle mit anderen Vertretern der ehemaligen Gattung *Rhacodactylus* –, mit hilfreichen Tipps und Anregungen zur Seite zu stehen und bei dem einen oder anderen das Interesse für diese Art zu wecken, ist das Anliegen der Autoren dieses Bandes.

Die aktuelle Revision der Gattung *Rhacodactylus* (Bauer et al. 2012, siehe auch nachfolgendes Kapitel) mit der Aufstellung der neuen Gattung *Mniarogekko* für *R. chahoua* sowie der Beschreibung der neuen Art *Mniarogekko jalu* für die neu entdeckten „*chahoua*-artigen" Geckos aus dem Norden Neukaledoniens machten eine komplette Überarbeitung des Skripts kurz vor Drucklegung notwendig. Sofern nicht explizit darauf eingegangen wird, beziehen sich alle Angaben, vor allem die Pflege betreffend, auf *Mniarogekko chahoua*.

Christian Langner,
Andreas Laube & Erwin Schröder
Billerbeck, Berlin,

Verwandtschaft

MACHEN wir nun zuerst einen kurzen Abstecher in das für viele Anfänger leidige Thema der Systematik, vereinfacht ausgedrückt, der Einordnung der Lebewesen in ein System ihrer verwandtschaftlichen Beziehungen. Sicherlich wird sich mancher fragen, warum diese für viele eher „trockene" Materie für die Pflege von Geckos überhaupt von Belang ist.

Der naheliegendste Punkt ist der, eine einheitliche Namensgebung zu gewährleisten. Dies erfolgt nach wissenschaftlichem Standard und gebunden an bestimmte Regeln, die der schwedische Botaniker und Arzt Carl von Linné schon vor mehr als 200 Jahren einführte (Müller 1774). Er begründete die sogenannte binäre Nomenklatur. Jede Art erhält einen nur für sie bestimmten, aus mindestens zwei (meist lateinischen bzw. latinisierten) Wörtern zusammengesetzten wissenschaftlichen Namen. Dieser verweist in der Regel auf ein besonderes Merkmal der betreffenden Art, auf ihren Fundort oder den Namen einer verdienten Person, etwa eines Wissenschaftlers oder des Entdeckers.

An erster Stelle wird der Gattungsname, welcher die engsten zueinander in Beziehung stehenden Verwandschaftsverhältnisse kennzeichnet, genannt. An zweiter Stelle folgt dann der Artname, der die spezifische Art benennt. In unserem Fall ist demnach *Mniarogekko* der Gattungsname und chahoua bzw. *jalu* die Bezeichnung für die jeweilige Art.

Vor allem in jüngerer Zeit werden den einzelnen Arten zudem oftmals Unterarten zugewiesen. Dabei handelt es sich um eine weitergehende Einteilung, die bestimmte Unterscheidungsmerkmale berücksichtigt, die aber eine Abtrennung als eigene Art jedoch nicht gerechtfertigt erscheinen lassen. Die einzelnen Unterarten einer Art können sich noch fruchtbar miteinander vermehren und sind auch genetisch enger verwandt. Der Unterartstatus ist allerdings in der wissenschaftlichen Welt nicht unumstritten und findet z. B. in den USA kaum noch Anerkennung. Die Flechtengeckos der Gattung *Mniarogekko* bilden nach heutigem Kenntnisstand keine Unterarten aus.

Der Gattungsname *Mniarogekko* setzt sich aus dem griechischen Wort „mniaros", was so

Mniarogekko jalu **von Rivière Néhoué, Neukaledonien**
Foto: Ch. Langner

***Mniarogekko chahoua* von Ile de Pins, Neukaledonien** Foto: Ch. Langner

viel wie „moosbewachsen" bedeutet und „gekko", zusammen, das dem malaiischen Wort „gekoq" entlehnt ist und sich wohl auf die Lautäußerung des dort weit verbreiteten Tokehs (*Gekko gecko*) bezieht (BAUER et al. 2012). Beim Artnamen *chahoua* haben wir den seltenen Fall, dass eine Bezeichnung aus der Sprache der Einheimischen (in diesem Fall der neukaledonischen Kanak) verwendet wurde. „Chahoua" bedeutet so viel wie Teufel oder Dämon (BAVAY 1869) und ist wohl eine Anspielung darauf, dass die Einheimischen sich vor den Geckos fürchten und sie als Unglücksbringer ansehen. Der von BAUER et al. (2012) neu aufgestellte Name „*jalu*" spielt darauf an, denn er bedeutet „Geist" im Sprachgebrauch des im Verbreitungsgebiet dieser Art ansässigen Kanakenstammes „Nyêlâyu".

Die französischen Einwanderer der Südseeinsel nennen die

Geckos übrigens fälschlicherweise „Chamäleons“.

Warum aber reicht die umgangssprachliche Bezeichnung, auch Trivialname genannt, für uns Terrarianer nicht aus? Um sich z. B. auf internationaler Ebene zu verständigen, ist eine festgeschriebene, allgemeingültige Bezeichnung, eben der wissenschaftliche Name, fast unumgänglich. Ein Umstand, der gerade im grenzüberschreitenden Zeitalter des Internets und den damit verbundenen weltweiten Kommunikationsmöglichkeiten auch den engagierten Hobbyisten fordert.

Hinzu kommt im konkreten Fall noch die Schwierigkeit, dass im deutschen Sprachgebrauch für *M. chahoua* bis vor kurzem kein Trivialname zur Verfügung stand. SEIPP & HENKEL (2000) schlugen daher in ihrer Veröffentlichung über die Gattung *Rhacodactylus* den Namen „Neukaledonischer Flechtengecko“ vor. Auch im englischen Sprachraum stand lange Zeit kein Trivialname zur Verfügung; ähnlich wie bei uns, begnügte man sich in terraristischen Fachkreisen mit der Bezeichnung „Chahoua“.

Erst DE VOSJOLI et al. (2003) schlugen den etwas umständlichen Namen „Moosy Prehensile Tail Gecko“ vor („Bemooster Greifschwanzgecko“). BAUER & SADLIER (2000) nennen ihn „Short-Snouted Giant Gecko“(„Kurzschnäuziger Riesengecko“). Im Französischen heißt er „Gecko Géant à Nez Court“ („Kurznasen-Riesengecko“). Zur Unterscheidung der nunmehr zwei Flechtengecko-Arten schlagen wir die Namen Nördlicher

WUSSTEN SIE SCHON?

Die Neukaledonischen Geckos haben in den letzten Jahren auch abseits der bekannten Gattung *Rhacodactylus* einen enormen „Forschungsboom“ erlebt. So wurden von den momentan für Neukaledonien bekannten 42 „Geckoarten“ mehr als die Hälfte, nämlich 22 Arten, erst in den letzten 23 Jahren beschrieben.
Nicht nur die Zahl der Arten hat sich vervielfacht, es sind sogar einige weitere neue Gattungen aufgestellt worden. Den Anfang machten hier die monotypische Gattung *Oedodera* mit der Art *marmorata* (BAUER et al. 2006a) und die ebenfalls neue Gattung *Dierogekko* (BAUER et al. 2006b) mit sieben neuen Arten. Ebenfalls neu ist die monotypische Gattung *Paniegekko* die extra für die genetisch deutlich abweichende *Bavayia*-Art *B. madjo* aufgestellt wurde (BAUER et al 2012). Es ist zu erwarten, dass demnächst weitere neue *Bavayia*-Arten „aus der Taufe gehoben“ werden. Vor wenigen Jahren wurde die Art *B. nubila* von BAUER et al. (2012) beschrieben.
2014 wurde mit *Dierogekko baaba* die vorerst letzte Art beschrieben.

Flechtengecko für *M. jalu* und Südlicher Flechtengecko für *M. chahoua* vor.

Hieraus wird schon ersichtlich, welch heilloses Durcheinander entstehen kann, würde man weitere umgangssprachliche Namen „ausrufen". Anders als bei wissenschaftlichen Namen, gibt es bei Trivialnamen keine allgemeingültigen Regeln und keine als übergeordnetes Kontrollorgan fungierende Instanz, die die Namensgebung überwacht.

Aber auch die wissenschaftliche Nomenklatur ist keine starre, für alle Zeiten gültige Einordnung. Sie ist vor allem durch die immer detaillierter werdenden Analysemöglichkeiten der Genetik in stetigem Fluss, und der engagierte Terrarianer muss sich gerade in letzter Zeit mit vielen Umbenennungen schon lange etablierter Namen auseinandersetzen. So wird es den einen oder anderen Geckoliebhaber sicher wundern, die hier zu besprechende Art nicht unter dem altbekannten Namen *Rhacodactylus chahoua* anzutreffen.

Die diplodactyliden Geckos Neukaledoniens haben vor einigen Jahren eine umfassende Revision erfahren (Bauer et al. 2012, Schönecker & Langner 2012). Die ehemals in der Gattung *Rha-*

Mniarogekko jalu **von Rivière Néhoué, Neukaledonien** Foto: Ch. Langner

codactylus zusammengefassten Riesengeckos wurden in drei Gattungen aufgeteilt. Die revalidierte (wieder gültig gemachte) Gattung *Correlophus* GUICHENOT, 1866 beinhaltet jetzt die Arten *C. sarasinorum* und die terraristisch bedeutsame Art *C. ciliatus* sowie die neu beschriebene Art *C. belepensis* von der im Norden von Neukaledonien gelegen Belep Insel, Île Art.

Für unsere Art *R. chahoua* ergaben genetische Untersuchungen, dass sie sehr eng mit den Angehörigen der Gattung Eurydactylodes verwandt ist und eigentlich in selbige gestellt werden müsste. Jedoch zeigt die Gattung *Eurydactylodes* sehr spezielle, abweichende Merkmale, wie z. B. Greifschwanz, Sekretdrüsen im Schwanz, aus denen sie ein wahrscheinlich übel schmeckendes Sekret absondern und bis zu 50 cm weit verspritzen können, und eine einzigartige Beschuppung. Diese Merkmale macht sie in der „Geckowelt" einmalig und so wurde für *R. chahoua* die neue Gattung *Mniarogekko* aufgestellt. Außerdem stellte sich im Rahmen dieser Untersuchungen heraus, dass die Exemplare von *Mniarogekko chahoua* aus dem äußersten Norden Neukaledoniens

***Mniarogekko chahoua* von Ille de Pine beim Fressen von Früchten** Foto: Ch. Langner

(Henkel & Böhme 2001; Langner 2009) sowie von den Belep Inseln, genetisch und morphologisch eigenständig sind, was die Aufstellung der neuen Art *Mniarogekko. jalu* notwendig machte (Bauer et al. 2012).

In der „alten“ Gattung *Rhacodactylus* verbleiben lediglich die Arten *R. auriculatus*, *R. leachianus* und *R. trachyrhynchus* sowie die in den Artstatus erhobene *R. trachycephalus*, zuvor eine Unterart von *R. trachyrhynchus* (Bauer et al. 2012).

Die weitere Einteilung im „Stammbaum“ der Natur erfolgt nun vereinfacht in aufsteigender Reihenfolge: Familie Diplodactylidae oder Doppelfingergeckos; Überfamilie Geckonoidea oder Geckoartige, Mikroordnung Gekkota oder Geckos; Zwischenordnung Pygopoidea oder Flossenfußverwandte; Unterordnung Sauria oder eigentliche Echsen; Ordnung Squamata oder Schuppenkriechtiere; Klasse Reptilia oder Kriechtiere; Stamm Vertebrata oder Wirbeltiere.

Die Auffassung, den Doppelfingergeckos Familienrang einzuräumen ist relativ neu (Han et al. 2004) und noch nicht durchgängig akzeptiert, scheint sich aber mehr und mehr durchzusetzen.

In den meisten älteren Werken findet sich noch vorwiegend die Bezeichnung Diplodactylinae, wobei die Endung „ae“ den Rang einer Unterfamilie kennzeichnet, und Carphodactylini, was den Rang eines sog. Tribus ausdrückt, einer weiteren

Zwei Männchen von *Mniarogekko chahoua*
Foto: A. Laube

Einteilung zwischen Unterfamilie und Gattung. Nach neusten Forschungsansätzen wird auch den Carphodactylini Familienrang zugestanden, was die Anzahl der Geckofamilien auf sieben erhöht. Die Angehörigen der Gattung *Rhacodactylus* werden nicht mehr wie früher zu den nun im Familienrang befindlichen Carphodactylidae, sondern in die Familie der Diplodactylidae gestellt (HAN et al. 2004).

Die den Gattungen *Rhacodactylus*, *Correlophus* und *Mniarogekko* verwandtschaftlich am nächsten stehenden Geckos außerhalb Neukaledoniens sind wohl die Angehörigen der alten Sammelgattung *Oedura* (KING & HORNER 1993) sowie der Gattung *Pseudothecadactylus*, wobei die zwischenzeitliche Eingliederung letzterer in die Gattung *Rhacodactylus* durch BAUER (1990) keinen Bestand hatte (GOOD et al. 1997; BAUER & SADLIER 2000; HAN et al 2004).

Wo verstecken sich aber nun zwischen all diesem Fachchinesisch, die oben angekündigten, für den Terrarianer nützlichen Informationen?

Die Familie der diplodactyliden Geckos kennzeichnet u. a. die Tatsache, dass sie, bis auf einige wenige lebendgebärende Ausnahmen, weichschalige Eier legen. Diesem Umstand muss, wie wir später noch sehen werden, bei der erfolgreichen Vermehrung dieser Gruppe unbedingt Rechnung getragen werden. Da die Doppelfingergeckos ausschließlich im australisch-pazifischen Raum beheimatet sind, können grobe Rückschlüsse auf die dort herrschenden klimatischen Verhältnisse gezogen und eine biotopgerechte Bepflanzung und Einrichtung der Terrarien gewählt werden. Dies seien nur einige wenige Beispiele für die Nützlichkeit der Systematik für uns Terrarianer. Ohne selbige ist aber, wenn auch nur kurz umrissen und vereinfacht dargestellt, eine Artmonografie schlicht unvollständig.

Demjenigen, der sich eingehender mit der Materie der Systematik befassen möchte, sei gesagt, dass sie eine durchaus spannende Angelegenheit sein kann. Die richtige Einordnung eines Lebewesens ist Grundlage und Voraussetzung aller weiteren Forschungszweige der Biologie und letztendlich auch Bedingung für einen eventuell erforderlichen Schutz, kann man doch nur schützen was man auch kennt.

Verbreitung

ANGEhörige der Gattung *Mniarogekko* sind endemisch für Neukaledonien, d. h., sie kommen ausschließlich auf dieser Pazifikinsel vor. Wie es sich heute darstellt, beschränkt sich das Verbreitungsgebiet von *M. chahoua* auf Gebiete Zentralneukaledoniens und den Süden der Hauptinsel, sowie die südlich

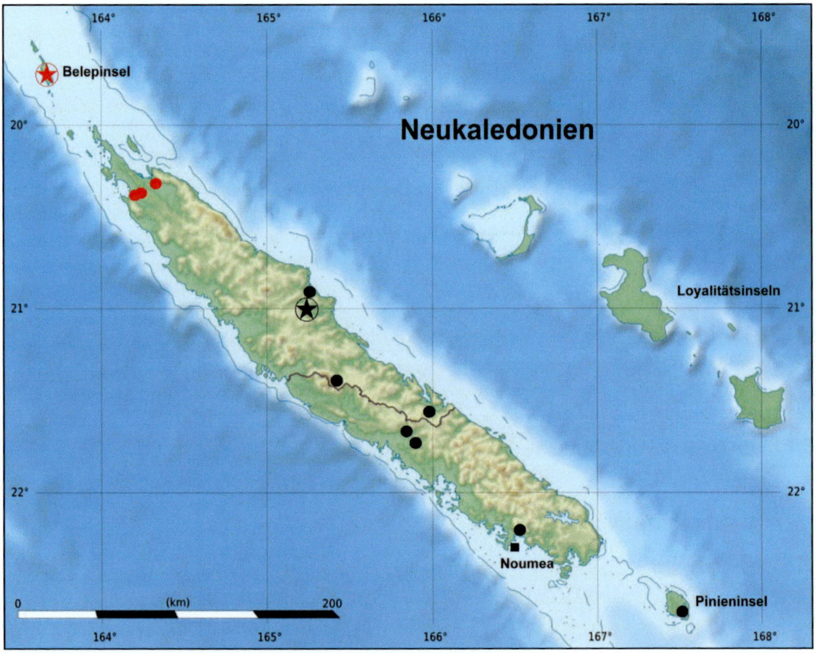

Verbreitung von *Mniarogekko chahoua* (schwarz) und *Mniarogekko jalu* (rot) in Neukaledonien (Asterisk = Typuslokalität). Abgeändert nach BAUER 2012

Lebensraum und Lebensweise

DIE entwicklungsgeschichtlich sehr alte Pazifikinsel Neukaledonien ist kontinentalen Ursprungs und Teil des alten Südkontinents Gondwanaland. Die etwa 1.200 km östlich von Australien und 1.700 km nördlich von Neuseeland gelegene Insel gehört zu einem der sogenannten „Hotspots " der Artenvielfalt, d. h. zu einer der an Endemiten reichen Regionen der Erde.

Die überwiegende Anzahl der dort lebenden Tiere und Pflanzen

vorgelagerte Insel Île des Pins. Die Funde im Norden der Hauptinsel und auf den Belep-Inseln entpuppten sich als eine neue Art, *Mniarogekko jalu* (Henkel & Böhme 2001; Langner 2009; Bauer et al. 2012). Für *M. chahoua* sind bis jetzt sieben Fundorte in der Literatur angegeben, für *M. jalu* lediglich vier.

Lebensraum von *Mniarogekko jalu*, Rivière Néhoué, Nord Provinz, Neukaledonien Foto: Ch. Langner

kommt nur hier vor und ist zum größten Teil, vor allem was die Flora anbelangt, sehr ursprünglich. Viele der einheimischen Pflanzen sind sogenannte „Lebende Fossilien". Sie haben sich in ihrer Isolation seit den Zeiten des vor ca. 180 Mio. Jahren wieder isolierten Gondwana kaum verändert und konnten in der Abgeschiedenheit dieser uralten Insel überdauern, da sie hier nicht dem in anderen Regionen üblichen Konkurrenzdruck durch modernere Arten ausgesetzt waren. Seit etwa 65–80 Mio. Jahren ist Neukaledonien isoliert und bietet uns heute die einmalige Gelegenheit, quasi durch ein „Fenster der Evolution" in längst vergangene Epochen der Zeitgeschichte zurückzuschauen. So lautete zumindest bis vor einigen Jahren die gängige These zur biogeografischen Entwicklungsgeschichte Neukaledoniens. Dass hier eventuell ein totaler Paradigmenwechsel stattfinden könnte, zeigen neuere Untersuchungen, die Hinweisen nachgehen, dass Neukaledonien im Paläozän komplett unterhalb des Meeresspiegels gelegen haben soll und erst im Eozän wieder völlig neu besiedelt wurde (Murienne et al. 2005; Grandcolas et al. 2008).

Dennoch sind bei den Pflanzen dieser Insel viele Arten hochgradig an extreme Lebensbedingungen angepasst. So hat es eine ganze Reihe von Arten geschafft, sich dem lebensfeindlichen Milieu der ultrabasischen, schwermetallhaltigen und teilweise hochgiftigen Lateritböden anzupassen. Sie bilden eine der drei wichtigsten Vegetationszonen Neukaledoniens. Dieser immergrüne relativ niedrige Buschwald wird in Anlehnung an die mediterrane Hartlaubgesellschaft „Macchie" genannt. Sie bildet die Vegetationsform mit den meisten endemischen Formen aus, 98 % der hier lebenden Pflanzenarten wachsen nirgendwo sonst (Jaffré et al. 1987). Die neukaledonische Macchie ist die im Süden vorherrschende Vegetationsform, isolierte Vorkommen finden sich vor allem im zentralen und nördlichen Westen der Insel. Beispielgebend seien hier die bizarren „Drachenblätter" *Dracophyllum* genannt.

Die zweite und im Hinblick auf die hier behandelten Geckoarten wichtigste Pflanzengesellschaft bilden die Regenwälder, die sich vor allem entlang der Ostküste erstrecken. Sie ziehen sich entlang der Neukaledonien von Nord nach Süd durchziehenden Gebirgskette und reichen weit ins Zentrum der Insel hinein. Mit weit über 2.000 Arten höherer Pflanzen

Lebensraum von *Mniarogekko chahoua* auf der Île des Pins (Pinieninseln), Neukaledonien Foto: Ch. Langner

ist der neukaledonische Regenwald die artenreichste Vegetationsform der Insel. Als herausragende Baumarten seien hier die mit 13 von 19 Arten die größte Vielfalt weltweit erreichenden Araukarien (NIMSCH 2011) und die mit fünf Arten vertretenen riesigen Kauri-Fichten der Gattung *Agathis* zu nennen. Diese eng verwandten Nadelbaumgattungen (Araucariaceae) sind ebenfalls uralte „Überbleibsel“ des alten Gondwanalandes. Die oft nebelverhangenen Regenwälder der Ostküste sind mit bis zu 4.000 mm Niederschlag die regenreichsten Gebiete der Insel. Als dritte, ursprünglich im gesamten Flachland entlang der Westküste verbreitete Pflanzengesellschaft sei noch der heute von allen Vegetationsformen am stärksten bedrohte Hartlaubtrockenwald zu nennen.

Von dieser, im englischen Sprachraum „Sclerophyll forest“ genannten, relativ arten- und endemitenarmen, einst in tiefen Lagen der Westküste dominierenden Waldform, dessen ursprüngliche Ausdehnung etwa 23 % der bewaldeten Fläche Neukaledoniens ausmachte, existieren heute nur noch wenig mehr als 0,3 % der Fläche seiner einstigen Ausdehnung (MURIENNE 2009). Es ist somit der am stärksten bedrohte tropische Trockenwald der Erde.

Lebensraum von *Mniarogekko chahoua*, Saramea, Provinz Süd, Neukaledonien
Foto: Ch. Langner

Die hier vorherrschenden Arten sind niedrig wachsende Bäume und Sträucher, die vorrangig aus der Verwandtschaft der Myrtacaeae und Acacieae stammen. In dieser Vegetationsform im Nordwesten, hier vor allem im Übergangsbereich zu Galeriewäldern wurde der Nördliche Flechtengecko (*M. jalu*) nachgewiesen.

Mniarogekko chahoua besiedelt also vorrangig die feuchteren Bereiche der Insel. Dass man sein Vorkommen beschränkt auf die Galeriewälder entlang der Flüsse wähnte, mag an deren leichterer

Zugänglichkeit liegen. Einzelne größere Bäume konnten hier einfacher auf Vorkommen von Geckos untersucht werden. Mittlerweile wurde diese Art aber auch wiederholt abseits dieser Lebensräume gefunden (BAUER & SADLIER 2000; SEIPP & HENKEL 2000). MEIER (1979) berichtet sogar von einem Fund an einem Straßenbaum.

Der Erstautor fand den Nördlichen Flechtengecko *Mniarogekko jalu* im März 2006 im äußersten Norden der Hauptinsel, am Néhoué-Fluss, der Typuslokalität von *Eurydactylodes agricolae*. (HENKEL & BÖHME 2001). Hierüber wurde schon an anderer Stelle berichtet (LANGNER 2008; LANGNER & SCHÖNECKER 2018) damals vor der Erstbeschreibung der neuen Art *M. jalu* aber noch unter dem Namen *Rhacodactylus* chaoua diese Begegnung soll an dieser Stelle nun Bezug nehmend auf *M. jalu* erneut wiedergegeben werden: Ein einzelnes Exemplar wurde hier von uns aktiv kletternd gegen 22.30 Uhr in einem relativ kleinen Baum (*Myodocarpus* sp.) von ca. 10 m Höhe und etwa 20 cm Durchmesser im äußeren Bereich der untersten Zweige aufgespürt.

Durch unsere Annäherung aufgeschreckt, sprang der Gecko auf einen angrenzenden größeren *Ficus austrocaledonica*, wo es uns gelang, ihn am Stamm nach unten zu dirigieren und eindeutig als Weibchen zu identifizieren. Auch in den Folgenächten konnte derselbe Gecko in der Feige beobachtet werden, allerdings in größerer Höhe außerhalb unserer Reichweite. Der Lebensraum um den Fluss Néhoué stellt eine in dieser Region einzigartige Biotopform dar. In diesem regelmäßig partiell überschwemmten Tieflandgaleriewald entlang des kleinen Flusses fanden viele feuchtigkeitsadaptierte Arten letzte Rückzugsmöglichkeiten im ansonsten von deutlich trockenheitstoleranterer Vegetation bewachsenen Norden der Insel. Die Nordspitze Neukaledoniens ist mit weniger als 800 mm Regen im Jahr die niederschlagsärmste Region des Landes, die durchschnittliche Regenmenge der feuchten Ostküste beträgt im Vergleich hierzu zwischen 2.500 und 4.000 mm pro Jahr (BAUER & SADLIER 2000). Das relativ kleinräumige Gebiet zeichnet sich durch eine hohe Zahl endemischer Arten auch innerhalb der Herpetofauna aus. So wurden von hier erst kürzlich eine weitere neue Geckoart, *Dierogecko nehuensis* BAUER et al., 2006 und der Skink *Kanakysaurus viviparus* SADLIER et al., 2004 beschrieben.

Des Weiteren konnten hier von uns *Bavayia* cf. *cyclura*, *Lioscincus nigrofasciolatum*, *Caledoniscincus aquilonius* und die durch den Menschen eingeschleppten Arten *Hemidactylus frenatus* und *Litoria aurea* (Nicolas et al.2015) nachgewiesen werden.

Zur Höhenverbreitung der Gattung *Mniarogekko* werden in der Literatur keine näheren Angaben gemacht, jedoch dürfte Rivière Néhoué mit lediglich 10 m ü. NN sicherlich einer der am tiefsten gelegenen Lebensräume der Gattung auf dem Festland sein. Das Gebiet ist extrem gefährdet. Gerade hier oben im dünn besiedelten Norden werden oft willkürlich und mutwillig Brände gelegt, die verheerende Folgen haben können. Im Jahr 2003 fanden wir nur wenig weiter südöstlich ein riesiges dem Flammeninferno zum Opfer gefallenes Gebiet vor. Über 30 km Fahrtstrecke erstreckte sich links und rechts des Weges schwarz verkohlte Erde bis zum Horizont. Eines der letzten größeren zusammenhängenden Trockenwaldgebiete des nördlichen Neukaledoniens war ein Opfer einheimischer Kanaken geworden. Sie hatten auf diese unsinnige Weise Landbesitzansprüche geltend machen wollen. Unersetzbarer, über Jahrmillionen kaum veränderter, hochspezialisierter Lebensraum wurde hier in wenigen Stunden ein Raub der Flammen. Auch drei Jahre später fanden wir dort eine nur spärlich mit Gras bewachsene „liebliche" Wiesenlandschaft vor.

Lebensraum von *Mniarogekko chahoua*, La Foa, Provinz Süd, Neukaledonien
Foto: Ch. Langner

Dass *M. chahoua* auch außerhalb von Galeriewäldern vorkommt, zeigt ebenfalls das Vorkommen auf Île de Pins. Die Art fanden wir im für die Insel charakteristischen niedrigwüchsigen Regenwald. Galeriewälder sind hier nicht vorhanden.

Kennzeichen von *Mniarogekko chahoua* und *Mniarogekko jalu*

DIE Neukaledonischen Flechtengeckos sind mittelgroße bis große Geckos. *Mniarogekko chahoua* erreicht bei einer Kopf-Rumpf-Länge (KRL) von ca. 120 mm eine Gesamtlänge (GL) von ca. 250 mm (SEIPP & HENKEL 2000). BAUER & SADLIER (2000) geben eine maximale KRL von 147 mm an, was einer GL von etwa 300 mm entspräche, da die Schwanzlänge (SL) gleich der KRL bzw. nur geringfügig kürzer ist. Bei diesen Literaturangaben ist es oft nicht ersichtlich ob es sich um *M. chahoua* oder um die Neubeschriebene Art *M. jalu* handelt. Nach Angaben von BAUER et al. (2012) erreicht *M. jalu* 140 mm KRL. Ein von F.W. Henkel gepflegtes schwanzloses Männchen der Art *M. jalu* von Riviére Néhoue erreichte sogar eine KRL von fast 160 mm (siehe Abb.). Ein Schwanzregenerat bildete sich bei diesem Exemplar nicht mehr aus. HENKEL (1986) erwähnt das häufige Vorkommen von schwanzlosen *M. chahoua* in freier Wildbahn, was nach seinen Vermutungen auf die dort ebenfalls sehr zahlreich anzutreffenden Ratten zurückzuführen sei. Eine weitere mögliche Ursache wäre eine innerartliche Aggression vor allem der männlichen Tiere, wie sie für die Art *Correlophus ciliatus* nachgewiesen wurde. Ein von M. Juschka gepflegtes Männchen aus einer ursprünglich von der Île des Pins stammenden Zuchtlinie von *M. chahoua* misst 135 mm KRL und 125 mm SL (M. Juschka, mdl. Mittlg. 2006). Eigene Exemplare von der Île des Pins erreichten GL von 235 mm, bei 120 mm KRL und einem Gewicht von 47,9 g; Tiere vom Festland eine GL von 230 mm, bei 115 mm KRL und

Nahaufnahme der stark geaderten Iris eines Jungtiers von *Mniarogekko chahoua*
Foto: Ch. Langner

einem Gewicht von 37,3 g. Beide Geschlechter werden in etwa gleich groß, hin und wieder sind die Männchen geringfügig größer und schwerer als die Weibchen.

Die sehr feine Körper- und Kopfbeschuppung verleiht den Flechtengeckos ein samtartiges Aussehen. Auffällig sind die leicht vergrößerten Superciliarschuppen (Überaugenschuppen) über weißlich bis goldbraun gefärbten Augen. Die senkrechte Pupille ist von feinen netzartigen Linien umgeben. Die Gliedmaßen sind kräftig. Die Zehen sind wie bei allen Arten der Gattung mit gut ausgebildeten Haftlamellen ausgestattet und durch Spannhäute verbunden, die ca. ein Drittel der Zehenlänge umspannen und für den alten Gattungsnamen *Rhacodactylus* Pate standen. Die ca. 20 Subdigitallamellen pro Zehe, ermöglichen es dem relativ schweren Gecko auch an glatten Oberflächen wie Glas oder glatter Rinde mühelos Halt zu finden. Alle Zehen besitzen an ihrer Spitze eine gut entwickelte Kralle.

Der recht stämmige Körperbau weist entlang des Halses und der Körperseiten verlaufende locker anliegende Hautfalten auf, sodass der Kopf anders als z. B.

Mniarogekko chahoua **von Ile de Pins** Foto: Ch. Langner

bei *C. ciliatus* nicht so deutlich vom Hals abgesetzt erscheint. Flechtengeckos besitzen einen langen rundlichen Schwanz. Dieser ist greiffähig, wird mitunter als fünfte Gliedmaße eingesetzt und weist an seiner Spitze subcaudale Haftschuppen auf (Bauer 1997).

Die Männchen besitzen in vier Reihen angeordnete sogenannte Femoralporen. Diese setzen sich aus bis zu 120 Einzelporen zusammen. Da sie eine Drüsenfunktion ausüben, ist zu vermuten, dass das abgesonderte Sekret etwas mit den Fortpflanzungsaktivitäten der Männchen zu tun hat. Die männlichen Tiere lassen sich ab einem gewissen Alter durch die stark verdickten Hemipenistaschen leicht von den Weibchen unterscheiden, weiterhin besitzen sie vergrößerte Kloakalsporen zu beiden Seiten der Kloakenspalte. Die letztgenannten Geschlechtsmerkmale sind erst ab einem Alter von ca. einem halben bis dreiviertel Jahr ausgebildet. Die deutlicher ausgebildete Anlage der Präanalporen der männlichen Geckos lässt sich aber mit einiger Erfahrung mithilfe einer Lupe auch am Jungtier erkennen (De Vosjoli et al. 2003).

Adultes Männchen von *Mniarogekko chahoua* Foto: Ch. Langner

Mniarogekko chahoua ist ein überaus variabel gezeichneter Gecko. Als Grundzeichnung liegt meist ein optisch hervorragend auflösendes Flechtenmuster vor, was dem Gecko auch zu seinem deutschen Namen verhalf. Es verschafft den Tieren am Stamm der reichlich mit Flechten und Moosen bewachsenen Bäume eine optimale Tarnung.

Auch die Färbung ist sehr abwechslungsreich, so gibt es je nach Region, mal überwiegend braune und olivfarbene oder grünliche Farbelemente, mal geht die Färbung ins rostrote oder gar ins rötliche. Auch weiße und schwarze Farbanteile verteilen sich in Flechten- und Rindenstruktur nachahmender Weise über die Körperoberseite. Die Unterseite ist in der Regel hell cremefarben und an den Rändern reichen mitunter Zeichnungsanteile der Flanken bis zur Ventralseite. Auffällig ist eine ausgeprägte Farbdifferenz zwischen juvenilen und adulten Flechtengeckos. Die Jungtiere sind beim Schlupf meist sehr dunkel braun gefärbt und viel weniger kontrastreich gezeichnet. Erst mit zunehmendem Alter entwickeln sich die helleren grünen, weißen oder rötlichen Farb- und Zeichnungselemente. HENKEL (1986) erwähnt das vereinzelte Vorkommen einheitlich grünlich gefärbter Tiere. Das einzige morphologische Merkmal, das die beiden Arten neben der genetischen Differenzierung voneinander unterscheidet, ist eine deutlich geringere Anzahl von weniger als 95 (54–91) Präanalporen bei *M. chahoua* und mehr als 120 Präanalporen bei *M. jalu* (BAUER et al. 2012).

WUSSTEN SIE SCHON?

Rhacodactylus leachianus, ein naher Verwandter von *M. chahoua* und *M. jalu*, ist mit bis zu 430 mm GL (DE VOSJOLI et al. 2003) die wohl größte rezente „vierfüßige" Geckoart der Welt, sofern man davon ausgeht, dass der erst 1986, anhand eines im Pariser Naturkundemuseum entdeckten ausgestopften Exemplars, beschriebene *Hoplodactylus delcourti* (BAUER & Russel 1986) in seiner ursprünglichen Heimat Neuseeland ausgestorben ist. Dieser wahrhaft riesige Gecko wurde über 600 mm lang! Da heute die gliedmaßenlosen Flossenfüße (Pygopodidae) auch in die direkte Verwandtschaft der Geckoartigen gestellt werden, gebührt aber wohl die Gunst des Rekordhalters dem Australischen Flossenfuß *Pygopus lepidopodus*, der eine GL von 800 mm erreichen kann (WILSON & KNOWLES 1988), allerdings bei einer KRL von lediglich 270 mm. Mit Sicherheit ist *R. leachianus* mit über 700 g Körpergewicht aber der schwerste heute noch lebende Gecko. Sie sehen schon, die Festlegung von Superlativen im Tierreich ist nicht gerade einfach und oft relativ.

Haltung

Um Neukaledonische Flechtengeckos erfolgreich pflegen und vermehren zu können, sind wichtige Punkte zu beachten, von der Auswahl gesunder Tiere über den Transport bis hin zur Einrichtung des Terrariums und der artgerechten Versorgung der Echsen. Im Folgenden möchten wir Sie mit den grundlegenden Anforderungen an die Haltung der Art *M. chahoua* vertraut machen.

Gesetzliche Bestimmungen und Gefährdung

Weite Teile Neukaledoniens sind heute einer massiven Umweltzerstörung durch den Menschen ausgesetzt. (Langner 2015; Langner & Sound 2016) So sind von den verschiedenen Waldgesellschaften, die ursprünglich über 70 % der Insel bedeckten, nur noch weniger als 20 % vorhanden. Der Raubbau an Bodenschätzen (Neukaledonien gehört z. B. zu den weltweit führenden Nickelproduzenten), hat ganze Landstriche in karge Mondlandschaften verwandelt. Rodungen der Regenwälder zur Holzgewinnung, hier vorrangig zum Abbau edler Hölzer wie Kauri (*Agathis* spp.), Merbau (*Intsia* spp) und Eisenholzbaum (*Metrosideros* spp.) sowie zur Weidelanderschließung im Westen, trugen ihr Übriges zu dieser tragischen Entwicklung bei. Obwohl jetzt, zumindest offiziell, nur noch selektiver Holzeinschlag betrieben wird, geht der Raubbau am Regenwald unvermindert weiter. Trotz der Tatsache, dass Neuka-

Adultes Männchen von *Mniarogekko chahoua* mit hohem Anteil rostroter Färbungselemente Foto: Ch. Langner

ledonien weltweit einmalige Lebensräume von international herausragender Bedeutung besitzt, die äußerst ursprünglich sind und relativ unverändert die Jahrmillionen überdauern konnten, gibt es hier nicht einen einzigen Nationalpark! Ein Armutszeugnis sowohl für die lokale Inselverwaltung als auch für das Mutterland, die „Grande Nation" Frankreich. Nur kleinflächige lokale Schutzgebiete mit fragwürdigem Status gibt es an wenigen Stellen der Insel.

Die leider auf vielen Inseln, so auch auf Neukaledonien, teils versehentlich, teils gezielt ausgesetzten oder entwichenen Tierarten, tragen neben der Habitatzerstörung zur Gefährdung der heimischen Flora und Fauna bei. So sind es heute neben verwilderten Hunden, Katzen, Schweinen und Timorhirschen (*Cervus timorensis*) auf der ursprünglich großsäugerfreien Insel (von Meeressäugern abgesehen), vor allem die beiden Rattenarten Kiore (*Rattus exsulans*), die wahrscheinlich schon von den erstbesiedelnden Melanesiern eingeschleppt wurde, und die vermutlich von den Europäern eingeführte Hausratte (*Rattus rattus*), die maßgeblich zur Bedrohung der heimischen Tierwelt beitragen. Eine ebenfalls ernste Gefahr für die ansässige Herpetofauna ist die erst in den 1970er-Jahren aus Südamerika eingeschleppte

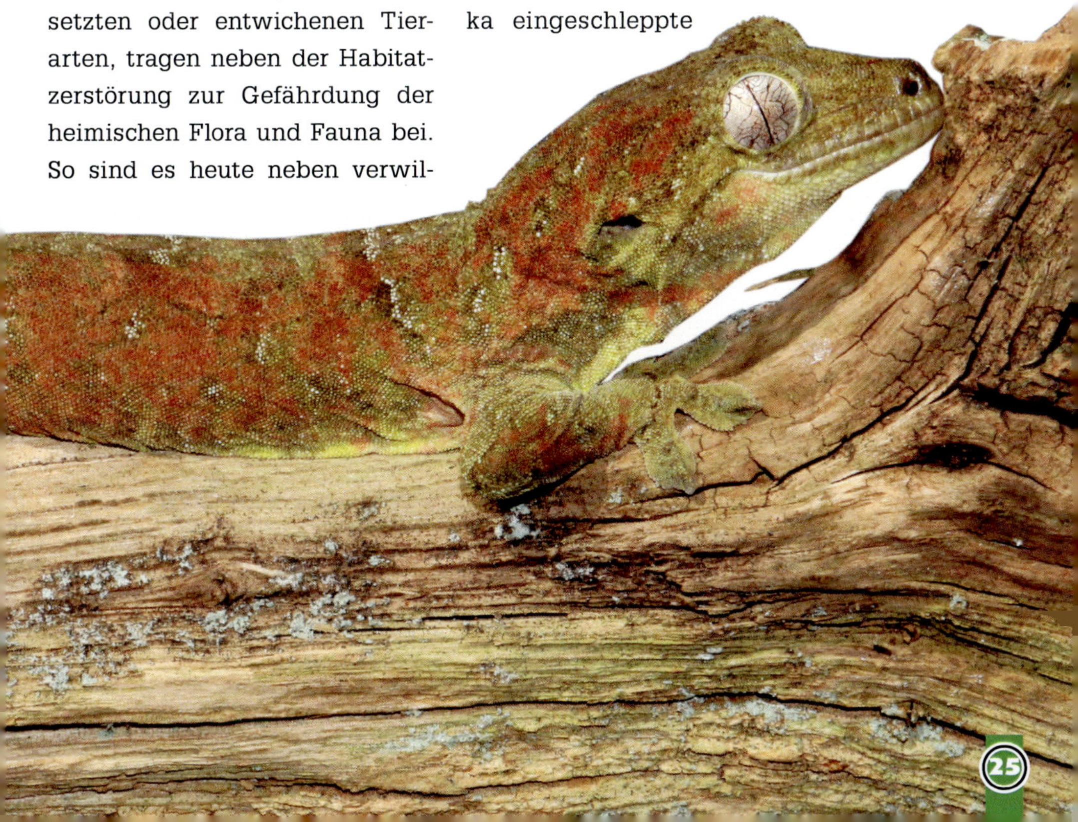

Feuerameise *Wasmannia auropunctata* die sich seitdem rasant ausbreitet. Eine, wie wir am eigenen Leibe erfahren durften, recht schmerzhafte und äußerst lästige Plage. Sie konkurriert womöglich mit den Geckos hinsichtlich Nahrung und Nutzung möglicher Versteckplätze. Erste vergleichende Untersuchungen zur Populationsstärke verschiedener neukaledonischer Echsen mit und ohne Vorkommen dieser invasiven Ameise, lassen zumindest diese Vermutung zu (JOURDAN et al. 2001).

Eine weitere nicht zu unterschätzende Gefahr für die wenigen verbliebenen ursprünglichen Lebensräume und ihre Bewohner, stellen die schon erwähnten, teilweise mutwillig gelegten Waldbrände dar. Die ihrer traditionellen Lebensweise beraubten Kanak (offizieller Name der Ureinwohner Neukaledoniens), wollen somit unsinnigerweise Ansprüche auf ihren ursprünglichen Landbesitz geltend machen. Jährlich werden dadurch riesige Gebiete ein Opfer der Flammen. Die Ausrottung von Tierarten ist durchaus kein „Privileg" kolonialisierender Europäer. Bereits die Ureinwohner Neukaledoniens trugen einen erheblichen Teil dazu bei, das die Insel heute um einiges artenärmer geworden ist. Gerade unter den Reptilien wurden wohl einige spektakuläre Arten ein Opfer des Menschen. So lebten auf Neukaledonien, wahrscheinlich noch zu Beginn der Besiedlung durch die ersten Vorfahren der heutigen Kanak, riesige gehörnte Landschildkröten mit stachelbewehrten Schwänzen der heute weltweit ausgestorbenen Gattung *Meiolania* und kleine, möglicherweise zum Klettern befä-

Großflächige Lebensraumzerstörung durch im Tagebau betriebenen Nickelabbau in der Nähe von Houailo Foto: Ch. Langner

higte Landkrokodile der Gattung *Mekosuchus* sowie mindestens eine Waranart. Dass diese Arten wahrscheinlich samt und sonders in Kochtöpfen landeten, deuten Fossilfunde in der Nähe von Feuerstellen an. Ein Schicksal, dass diese Arten mit den Moas Neuseelands und der sogenannten Megafauna Australiens teilen.

Mniarogekko chahoua und *M. jalu* unterliegen wie alle Angehörigen der neukaledonischen Herpetofauna keinem internationalen Schutzstatus. Die Tiere sind also auch hier in Deutschland frei handelbar und brauchen nicht behördlich gemeldet zu werden. In Neukaledonien allerdings unterliegen seit neuestem sämtliche Reptilien gesetzlichen Schutzbestimmungen und die Ausfuhr wird heute nur noch für wissenschaftliche Zwecke gestattet. Im Hinblick auf die oben geschilderte Gefährdung der Lebensräume, kommt der Pflege in menschlicher Obhut umso mehr eine besondere Bedeutung zu. Einer Verantwortung, der der ernsthafte Terrarianer unbedingt Rechnung tragen sollte. Dass dies durchaus gelingen kann, mag die beeindruckende Zahl von jährlich über 40.000! Nachzuchten der verwandten Art *Correlophus ciliatus* allein in den USA verdeutlichen (Repashy, mdl. Mittlg.). Diese Zahl ist umso erstaunlicher, wenn man sich vor Augen führt, dass selbige Art bis Anfang der 1990er-Jahre als ausgestorben galt, bevor sie von deutschen Biologen wiederentdeckt wurde. Die wenigen damals mit behördlicher Genehmigung ausgeführten Tiere bildeten den Grundstock für diese riesige und in so kurzer Zeit entstandene Population in menschlicher Obhut. Sie dürfte die Anzahl frei lebender Kronengeckos heute bei weitem übertreffen und ist eines der beeindruckendsten Beispiele, zu welch positiver Leistung die moderne Terraristik fähig ist.

40.000! Nachzuchten von *Correlophus ciliatus* schlüpfen jedes Jahr allein in den USA
Foto: Ch. Langner

Erwerb

Es ist unbedingt notwendig, sich bereits im Vorfeld einige grundsätzliche Gedanken hinsichtlich des Erwerbs von Terrarientieren zu machen. Die Pflege von Tieren in Menschenhand bedeutet, die volle Verantwortung für ihr Wohl zu übernehmen. Ohne eine fachkundige und engagierte Pflege werden Terrarientiere weder ihr typisches Verhalten zeigen, noch sich fortpflanzen. Im Gegenteil, nicht selten führt eine fehlerhafte Haltung zu langfristigen Leidensprozessen der Tiere, die oft mit deren vorzeitigem Tod enden. Ist man sich dieser Tatsache bewusst, sollte man sich die Frage stellen, ob man die benötigte intensive Pflege dauerhaft gewährleisten kann, oder ob es sich lediglich um ein kurzfristiges Interesse handelt. Nicht selten schlägt die anfänglich vorhandene Begeisterung nach einer Weile in Desinteresse um. Wenn man diese Fragen für sich positiv beantwortet, stehen weitere Gedanken zu den benötigten Bedingungen für die Tiere an. Kenne ich die Ansprüche der Geckos und kann ich sie erfüllen? Sind die Raumtemperaturen für das Terrarium im Sommer nicht zu hoch oder kann die durch ein Südfenster einfallende Sonne das Terrarium überhitzen? Kann ich den Tieren die benötigten Temperaturen während des Winters bieten? Ist die erforderliche Nachtabsenkung der Temperaturen zu gewährleisten? Wenn all diese Fragen und einige mehr vorab geklärt wurden und die sachgemäße Pflege der Echsen gesichert ist, kann man sich um den Erwerb der Flechtengeckos kümmern.

Durch das Ausfuhrverbot in Neukaledonien ist man auf Nachzuchten angewiesen, die nur selten über den Fachhandel angeboten werden. *Mniarogekko chahoua* wird fast ausschließlich von privaten Haltern auf Reptilienbörsen oder über Kleinanzeigen im Internet angeboten. Auch wenn es hier, wie in allen Lebensbereichen, einige schwarze Schafe gibt, ist die Beschaffung von Nachzuchttieren aus Privathand der beste Weg zum Erwerb dieser Geckos. Der Züchter kann gleich Auskunft über die Terrarienhaltung geben und kennt die Erfolgsfaktoren.

Vor dem Kauf sollte man sich die Tiere genau ansehen. Ein gesunder Gecko weist keine Hautreste oder äußere Verletzungen auf, die Augen sind nicht eingefallen, die

Wirbelsäule und die Beckenknochen stehen nicht hervor, der Kiefer ist fest, die Gliedmaßen sind muskulös. Ebenso sollten sich die Tiere nicht träge verhalten, beim Hantieren einen kräftigen Eindruck hinterlassen und sich beim Ergreifen zur Wehr setzen bzw. Fluchtverhalten zeigen.

Transport und Quarantäne

Ist die Entscheidung zum Erwerb des Tieres gefallen, stellt sich die Frage nach einem geeigneten Transportgefäß. Empfehlenswert ist die Kombination aus einer inneren und einer äußeren Transportbox. Die innere sollte eine Plastikbox mit ausreichender Belüftung und der Größe des Tieres angepasst sein. In diese wird jeweils nur ein Gecko gesetzt. Dabei ist zu beachten, dass sich die Echsen manchmal recht schnell bewegen und bei Nichtachtsamkeit und hektischem Hantieren die Gefahr besteht, Gliedmaßen oder den Schwanz beim Verschließen einzuklemmen. Etwas Haushaltspapier dient als „Einrichtung". Dieses bietet eine Versteckmöglichkeit und nimmt eventuell abgesetzten Kot auf. Da Geckos ektotherm sind, ihre Körpertemperatur also von der Umgebungstemperatur abhängt, müssen extreme Temperaturen unbedingt vermieden werden. Gut eignet sich eine Styroporbox als äußerer Transportbehälter. Diese bietet zudem einen Sichtschutz, was die Tiere geringerem Stress aussetzt. Liegen die Temperaturen während des Transports sehr hoch, können zusätzlich Kühlelemente eingesetzt werden. Bei Transporten im Winter hat es sich bewährt, wasserdichte Plastikbehälter mit warmem Wasser zu füllen und mit in die äußere Transportbox zu stellen.

Es ist wichtig, die Geckos zunächst in Quarantänebecken zu setzen. Über einen Zeitraum von mindestens sechs Wochen sollten sie jetzt beobachtet werden, um

Beim Transport von Flechtengeckos müssen gleichmäßige Temperaturen beibehalten werden Foto: A. Laube

eventuell vorhandene Krankheiten zu erkennen. Die Quarantänebehälter sollten hinsichtlich der Temperaturen, der Feuchtigkeit und der Einrichtungsgegenstände den Anforderungen der Tiere und den Gegebenheiten des endgültigen Terrariums entsprechen. Allerdings müssen sie leicht zu reinigen und kontrollieren sein. Ihre Größe kann relativ klein sein, sollte aber den Mindestanforderungen an die Haltung der Echsen genügen.

Es ist empfehlenswert, frische Kotproben zur (kostenpflichtigen) Untersuchung auf Innenparasiten an reptilienkundige Veterinäre oder an geeignete veterinärmedizinische Einrichtungen zu schicken, die bei positivem Befund auch Behandlungshinweise erteilen. Adressen hierzu sind im Kapitel „Weitere Informationen" aufgeführt. Mehrmalige Kotproben sind vorteilhaft, da meist nicht mit jeder Probe die Gesamtheit möglicher Parasiten nachgewiesen werden kann. Die sich in Quarantäne befindlichen Geckos werden genauso gefüttert und mit Wasser versorgt wie bereits etablierte Tiere. Sind die Echsen gut eingewöhnt, parasitenfrei und zeigen normales Verhalten, können sie in das endgültige Terrarium umgesiedelt werden.

Größe und Form des Terrariums

Für die erfolgreiche Pflege von Geckos haben sich seit Jahren mit Silikon verklebte Glasterrarien bewährt. Bei diesen ist auf ausreichende Belüftungsflächen, am besten im Frontbereich und im Deckel, zu achten. Eine komplett aus Drahtgaze bestehende Abdeckung hat den Vorteil einer guten Durchlässigkeit für UV-Strahlen; auch Wärmestrahler können so außerhalb angebracht werden und sind von den Geckos nicht zu erreichen. Das Format der Terrarien richtet sich nach den Ansprüchen von *M. chahoua* an ihren Lebensraum. Dieser baumbewohnenden Art sollte man einen Behälter bieten, der deutlich höher als breit ist. Für ein Paar empfehlen wir ein Terrarium mit den Mindestmaßen 60 x 50 x 90 cm (Länge x Breite x Höhe). Nach oben sind natürlich keine Grenzen gesetzt, bei sehr großen Formaten sollte jedoch auf Zweckmäßigkeit geachtet werden, z. B. die Versorgung mit ausreichend Futter betreffend. Ebenso ist bei der Nachzucht eine entsprechende Übersichtlichkeit zum Auffinden der Gelege unabdingbar. Laut dem Gutachten zu den „Mindestanforderungen an die Haltung von Reptilien" (BMELF

1997), sollte ein Terrarium für ein Pärchen baumbewohnende Echsen hinsichtlich der Breite und Länge das Sechsfache der KRL seiner Bewohner und das Achtfache der KRL im Hinblick auf die Höhe aufweisen. Dies bedeutet bei einem Pärchen Flechtengeckos, die durchschnittlich eine KRL von 120 mm haben, eine Mindestgröße von 72 x 72 x 96 cm (L x B x H). Wir halten das oben angegebene Maß aber für ausreichend und diese Behältergröße hat sich über Jahre bei der erfolgreichen Pflege und Nachzucht dieser Geckos bewährt. Die Werte des o. g. Gutachtens stellen im Übrigen nur eine durchaus sinnvolle Richtlinie dar und sind nicht rechtsverbindlich. Das Gutachten kann bei Interesse gegen ein geringes Entgelt beim Bundesministerium für Ernährung, Landwirtschaft und Verbraucherschutz oder der DGHT bestellt werden.

Terrarientechnik

Die Anforderungen an die Terrarientechnik sind bei *M. chahoua*, verglichen mit z. B. tagaktiven Terrarientieren, etwas geringer. Grundsätzlich muss durch die eingesetzte Technik gewährleistet sein, dass jahres- und tageszeitliche Schwankungen von Beleuchtungsdauer und Temperatur realisiert werden können. Als Grundbeleuchtung wird eine oberhalb des Terrariums angebrachte Leuchtstoffröhre (z. B. „Lumilux daylight") verwendet. Zusätzliche Reflektoren dienen der Erhöhung der Lichtintensität. Auch wenn immer wieder behauptet wird, der Einsatz von UV-Lampen bringe bei der Pflege nachtaktiver Tiere keine Vorteile, empfehlen wir

Eingerichtetes Terrarium für Flechtengeckos
Foto: Ch. Langner

die Verwendung einer zweiten Leuchtstoffröhre mit einem UV-B-Anteil von 5 %. Beobachtungen im natürlichen Biotop der Geckos haben z. B. gezeigt, dass diese zumindest zeitweilig tagsüber aktiv sind. Zudem kommt das zusätzliche Licht dem Pflanzenwuchs zugute. Bei den Leuchtmitteln sind die Herstellerangaben bezüglich der Lebensdauer zu beachten, da sich mit fortschreitender Betriebsdauer das Spektrum ändert und die UV-Abgabe nachlässt oder gar erlischt und die Leuchtmittel daher regelmäßig gewechselt werden müssen.

Zur Erzeugung der benötigten Wärme kann man über eine Zeitschaltuhr geregelte Strahler verwenden. Idealerweise erreicht man ein Temperaturgefälle im Terrarium von 28 °C unter dieser Heizquelle bis auf Werte, die im kühlsten Bereich etwas über der umgebenden Raumtemperatur liegen. Am Abend werden alle Heiz- und Leuchtquellen ausgeschaltet, sodass die Temperatur während der Nacht auf Zimmertemperatur sinkt.

Einrichtung

Bei der Einrichtung des Terrariums sollte man einen vernünftigen Kompromiss zwischen einer aufwändigen Nachbildung eines Ausschnitts aus der Natur und einer möglichst hygienischen und zweckmäßigen Einrichtung, die optimale Bedingungen für die Pflege und Reinigung des Terrariums bietet, anstreben. Da *M. chahoua* in feuchten Waldgebieten lebt, bietet sich eine Bepflanzung des Terrariums an. Dies hat neben den ästhetischen Gesichtspunkten den Vorteil, dass sich ein üppiger Bewuchs positiv auf das Terrarienklima und die damit verbundene Luftfeuchtigkeit auswirkt.

Geeignete Pflanzen sind z. B. die Efeutute *Epipremnum auratum*, die oft auch unter den Namen *E. pinnatum* oder *Scindapsus aureus* angeboten wird. Sie ist gut im Terrarium haltbar und hat eine relativ große Robustheit und Unempfindlichkeit. Darüber hinaus eignen sich zur Bepflanzung auch kleinere *Philodendron*-Arten, etwa *P. scandens*, oder verschiedene *Ficus*-Arten, z. B. die diversen Zuchtformen von *F. benjamini* oder der im Terrarium sehr gut haltbare *F. binnendijkii*, im Handel meist unter dem Namen *F. longifolia* angeboten.

Wer seine Terrarien naturgetreu bepflanzen möchte, stößt allerdings schnell an Grenzen. Neben der Efeutute, die unter anderem auch auf Neukaledonien heimisch ist, werden nur wenige neukaledonische Arten mehr oder weniger regelmäßig angebotenen, z. B. die Fingeraralie *Dizygotheca* (*Schefflera*) *elegantissima* und der Zwergbaumfarn *Blechnum gibbum*. Die Aralie hat eine sehr filigrane Beblätterung und ist somit höchstens für die Aufzuchtterrarien der Jungtiere geeignet. Ausgewachsene Flechtengeckos würden diese Pflanzen sicherlich erheblich beschädigen. *Blechnum gibbum* tut sich, wie die meisten Farne, im Terrarium recht schwer und braucht in jedem Fall eine kalkarme Bewässerung. Für größere Terrarien scheint die polynesische, vor allem in der panaschierten Form „Parcellii“ gelegentlich im Handel angebotene, recht großblättrige Feige *Ficus aspera* für eine biotopgerechte Bepflanzung geeignet. Als Bodengrund im Terrarium lassen sich Waldboden, ungedüngte Blumenerde, ein Blumenerde-Sand-Gemisch, Kokoshumus oder feine Pinienrinde verwenden. Das Substrat sollte mindestens 10–12 cm hoch eingefüllt werden, damit die Pflanzen-

Efeututen eignen sich hervorragend als Terrarienbepflanzung Foto: M. Barts

DER PRAXISTIPP

Mit dem Bodengrund eingeschleppte Kleintiere wie Asseln oder Springschwänze sind durchaus eine erwünschte Begleitfauna in unseren Tropenterrarien, beseitigen sie doch auf natürliche Art den bei den fruchtfressenden Geckos oft in größeren Mengen anfallenden Kot. Asseln sind darüber hinaus für kleinere Arten und Jungtiere ein hervorragendes, sehr kalkhaltiges Futter. Tropische Riesenschnurfüßer und Landeinsiedlerkrebse bieten übrigens ähnliche Dienste. Wobei man bei den Krebsen in Zuchtterrarien doch ein wenig Sorge um etwaige Gelege haben sollte und die Einsiedler rechtzeitig zur Zuchtsaison im Frühjahr ausquartiert. Das Einschleppen von Schnecken sollte man tunlichst vermeiden. Neben der Beschädigung der Bepflanzung, bewirkten Schnecken mit ihrer scharfen Raspelzunge (Radula) erhebliche, nur langsam abheilende Hautverletzungen bei Laubfröschen der Art *Hyla cinere* (eigene Beobachtungen des Erstautors) und könnten auch den Geckos gefährlich werden. Uns liegt eine Mitteilung vor, wo Verletzungen durch *Helix* sp. sogar zum Tode eines in Neukaledonien im Terrarium gehaltenen *Rhacodactylus leachianus* führten (Pöllabauer, mdl. Mittl.).

wurzeln genügend Halt finden (alternativ kann man die Pflanzen in Töpfen einbringen) und sich die nötigte Feuchtigkeit halten kann. Etwaige Nachteile durch einen zu hohen Bodengrund beim Auffinden von Gelegen, was bei anderen *Rhacodactylus*- und *Correlophus*-Arten durchaus eine Rolle spielt, sind hier nicht relevant, da die Eier von *M. chahoua* meist nicht vergraben werden. Auf eine übersichtliche Bepflanzung und ggf. großzügiges Zurückschneiden der Pflanzen in den Zuchtterrarien ist allerdings zu achten, damit die abgesetzten Gelege auch gefunden werden können.

Um den Flechtengeckos ein ruhiges Umfeld zu bieten, in der sie nicht durch andere Tiere in benachbarten Terrarien oder den Pfleger im Zimmer gestört werden, kann man die Glasterrarien mit gestalteten Rück- und Seitenwänden ausstatten. Gute Erfahrungen haben wir hierbei mit Korkwänden gemacht.

Als weitere Einrichtungsgegenstände eignen sich nicht zu kleine Äste, Korkeichenröhren und die recht haltbaren sowie optisch sehr reizvollen Lianen, die in letzter Zeit immer öfter im einschlägigen Handel zu finden sind. Ein Trinkbehälter mit stets frischem Wasser sollte nicht fehlen. Dafür nimmt man etwa einfache Blumenuntersetzer oder die im Fachhandel angebotenen Wasserschalen in Felsimitation aus Kunststoff, die optisch sehr ansprechend, allerdings auch deutlich teurer sind.

Tierbesatz und Vergesellschaftung

Da Männchen extrem territorial und streitsüchtig sind, schließt sich die Haltung mehrerer männlicher Exemplare bei gleichzeitiger Anwesenheit weiblicher Tiere von vornherein aus. Überzählige Männchen können hingegen bei Platzmangel zeitweise gemeinsam gehalten werden, solange keine Weibchen anwesend sind und nur unter aufmerksamer Beobachtung des Pflegers. Das Zusammenstellen harmonisierender Paare ist die problematischste Zeit in der Pflege von *Mniarogekko chahoua* sowie vieler anderer *Rhacodactylus*-Arten. Bei ersten Anzeichen von Streit, der über die üblichen Verfolgungen beim Paarungsvorspiel hinausgeht, sollte man die Tiere sofort trennen. Eine paarweise Haltung hat sich bei uns bestens bewährt. Die Pflege von einem Männchen mit mehreren Weibchen, wie sie teilweise von anderen Züchtern erfolgreich betrieben wird (HENKEL, mdl. Mittlg.), führte jedoch bei uns zu Auseinandersetzungen auch unter den Weibchen. Jungtiere lassen sich hingegen bis zu Ausbildung der Geschlechtsmerkmale ohne Probleme gemeinsam aufziehen. Sind die Geschlechter deutlich erkennbar, sollte man die Jungtiere trennen,

***Mniarogekko chahoua* sollte nur artenrein vergesellschaftet werden** Foto: A. Laube

um eine zu frühe Verpaarung zu vermeiden. Auch können vor allem junge Männchen ein noch nicht paarungswilliges Weibchen mitunter so verletzen, das dies im Extremfall zu Verlusten führen kann. Möglichst gleichgroße Paare kann man ab einem Alter von etwa 18 Monaten unter aufmerksamer Beobachtung des Pflegers zusammensetzen. Sollten sich bei anfänglichen Beißereien ernsthafte Verletzungen mit größeren Hautwunden ergeben, sind die Tiere wieder zu trennen. Die Blessuren heilen in der Regel schnell wieder ab, wichtiger ist aber, dass das unterlegene Weibchen nicht dem permanenten Stress durch die Nachstellungen des Männchens ausgesetzt ist. Ein erneuter Versuch zu einem späteren Zeitpunkt oder die Vergesellschaftung mit anderen Partnern sind hier die Alternativen.

Einmal aneinander gewöhnt sind Flechtengeckos sehr umgänglich und friedfertig. Eine Vergesellschaftung verschiedener Arten der Gattungen *Rhacodactylus*, *Mniarogekko* und *Correlophus* sollte unbedingt vermieden werden, da die Gefahr einer Hybridisierung besteht. So berichten SEIPP & HENKEL (2000) erstmalig von Terrarienbastarden zwischen *M. chahoua* und *C. ciliatus* und bilden diese auch ab. Umso erstaunlicher, da es sich aufgrund der neuen Verwandtschaftsanalysen um verschiedene Gattungen und folglich um Gattungsbastarde handelt. Hinweisen aus den USA zufolge sollen diese Bastarde durchaus fruchtbar sein (REPASHY, mdl. Mittlg.).

Auch von *M. jalu* und *M. chahoua* existieren gemeinsame Bastarde, da HENKEL (mdl. Mtlg.), in Ermangelung eines passenden Weibchens, ein Männchen von *M. jalu* aus Riviére Néhoue mit einem *M.-chahoua*-Weibchen von einem anderen Fundort verpaarte. Dies geschah unwissentlich und unbeabsichtigt, da noch nicht abzusehen war, dass es sich hier um eine eigenständige Art handelt.

So interessant diese Kreuzungen aus wissenschaftlicher Sicht auch sein mögen, sollten sie jedoch von ernsthaften Terrarianern vermieden werden. Eine genetische Reinhaltung der Arten ist aus Artenschutzgründen unentbehrlich, wissen wir doch nicht, welche durch den Menschen verursachten neuen Katastrophen zum Auslöschen dieser nur kleinräumig verbreiteten Inselarten führen könnten. In diesem Zusammenhang sollte der zukünftige Pfleger auch bemüht sein, vom Züchter die oftmals noch vorhandene lokale Herkunft zu erfragen, um möglichst nur Tiere aus der gleichen Region miteinander zu verpaaren. Eine Vergesellschaftung mit andern Echsen, z. B. Schnecken skinken (*Cyclodomorphus gerradii*) wie gelegentlich berichtet (De Vosjoli et al. 2003), mag funktionieren, wird von uns aber nicht als besonders sinnvoll erachtet. Auch mit andern Geckoarten sollten die dominanten Flechtengeckos nicht zusammengehalten werden. Der Trend geht zum Zweitterrarium! Eine ausführliche Diskussion über ein Für und Wider von Vergesellschaftungen würde an dieser Stelle zu weit führen. Eine gemeinschaftliche Pflege mit den oben erwähnten, nicht ins Futterschema passenden Wirbellosen ist hingegen durchaus möglich und belebt die am Tage doch recht „unbewohnt“ wirkenden Terrarien der nachtaktiven Geckos zusätzlich.

Pflegearbeiten

Neben den bereits geschilderten Pflegearbeiten hinsichtlich des Futters und des Wasserbedarfs, muss das Terrarium auch regelmäßig gereinigt werden. Dabei sollte man mindestens einmal wöchentlich den auf dem Bodengrund abgelegten Kot entfernen. Oft koten die Geckos auch an den Frontscheiben des Terrariums. Der an der Scheibe herunterlaufende, nach dem Verfüttern von Fruchtbrei intensiv süßlich „duftende“ frische Kot hinterlässt hässliche Spuren und lässt sich in trockener Form am besten mit einem Ceranfeldschaber, mit einem Teppichmessers mit Trapezklinge o. Ä. entfernen bzw. nach erneutem Einweichen abwischen. Zur gründlichen Reinigung der Frontscheiben verwenden wir seit Jahren erfolgreich handelsüblichen Glasreiniger auf Alkoholbasis. Neben der guten streifenfreien Reinigungsleistung, wirkt der Alkoholanteil gleichzeitig antiseptisch. Die seit einiger Zeit in der Geckohaltung verwendeten Terrarien mit abgeschrägter Frontscheibe bieten den Vorteil, dass die Geckos ihren Kot hier nicht mehr absetzen können.

Darüber hinaus sollten in regelmäßigen Abständen die Versteckplätze der Geckos kontrolliert und z. B. Häutungsreste entfernt werden; die bleiben jedoch nur selten übrig, da *M. chahoua* und *M. jalu* ihr „Geckohemd“ in der Regel vollständig verzehren. Auch die

Breifutternäpfe und Trinkwassergefäße sind regelmäßig – möglichst täglich – von Rückständen zu befreien und zu reinigen. Die Breireste können manchmal innerhalb kurzer Zeit gären und schimmeln. Einrichtungsgegenstände wie Kork, Äste oder die Rück- und Seitenwände, sollten in größeren Abständen ebenfalls gründlich gesäubert werden. Eine genaue Kontrolle der potenziellen Eiablageplätze während der Fortpflanzungsperiode ist erforderlich, um das Austrocknen der abgelegten Eier zu verhindern.

Ernährung

Soweit bekannt, sind alle Angehörigen der diplodactyliden Geckos Neukaledoniens omnivor. Neben der üblichen tierischen Kost ernähren sie sich zu einem erheblichen Anteil also auch von pflanzlichen Stoffen wie Früchten und deren Säften. Ob auch Nektar und Baumsaft zum natürlichen Nahrungsspektrum gehören, wie dies von neuseeländischen Vertretern dieser Geckofamilie nachgewiesen wurde (WHITAKER 1987; LORD & MARSHALL 2001), ist noch nicht erwiesen, aber Gegenstand von Untersuchungen in Neukaledonien, an denen auch der Erstautor beteiligt ist. Zumindest eine *Bavayia*-Art konnten wir bei der Aufnahme von Baumsaft beobachten und fotografieren. Bei *Rhacodactylus leachianus* von der Île de Bayonnaise konnten wir Araukarienharz im Kot nachweisen.

Eigene Freilandbeobachtungen am neukaledonischen Gecko *Dierogecko poumensis*, der bei der Aufnahme von Nektar beobachtet wurde, lassen vermuten, dass die als fructivor bekannten Geckos der Gattungen *Rhacodactylus*, *Correlophus* und *Mniarogekko* ein ähnliches Verhalten zeigen, zumal BAVAY (1869) sogar Blüten als Nahrung für *R. auriculatus* erwähnt. Ansonsten ernähren sie sich wie die meisten Geckos von verschiedenen Insektenarten und anderen Wirbellosen wie Schnecken (BAVAY 1869). Hinzu kommen, zumindest bei den größeren *Rhacodactylus*-Arten, einige Arten von Wirbeltieren. So gehören nach BAUER & De Vaney (1987) auch Geckos der Gattung *Bavayia* zum Nahrungsspektrum, und im Terrarium werden auch nestjunge Nager angenommen. ROUX (1913) berichtet sogar von einem Fall, wo ein Singvogel der Gattung *Glyciphila* ein Opfer von *R. leachianus* wurde. Auch *M. chahoua* nimmt im Terrarium gelegentlich

Babymäuse als Futter an, was durch den hohen Kalziumanteil der Knochen eine durchaus sinnvolle Nahrungsergänzung sowohl für trächtige Weibchen als auch zur schnellen Rekonvaleszenz nach der Eiablage ist.

Ein Nahrungsspektrum wie in der Natur kann im Terrarium nicht geboten werden. Dies ist zur erfolgreichen Haltung und Nachzucht auch nicht zwingend nötig, aber das Futter kann ruhig abwechslungsreich sein. Hier sollte man auf die im Terrarienhandel angebotenen und aus Futterzuchten stammenden Futtertiere zurückgreifen. Geeignet sind Heimchen, Steppen-, Kurzflügel- oder Zweifleckgrillen, Schaben, Wachsmottenraupen und Wanderheuschrecken. Das Verfüttern von sogenanntem Wiesenplankton (Sammelsurium diverser Wirbelloser) aus der Natur sollte nur dann erfolgen, wenn am Fangort keine Pestizide und Dünger zum Einsatz gekommen sind. Zudem müssen beim Erbeuten von Wiesenplankton die gültigen Natur- und Artenschutzgesetze eingehalten werden. Wurden Futtertiere vom Händler erworben, müssen sie zunächst in einem größeren Behälter mit hochwertigem Futter regelrecht angerei-

Jungtier von *Mniarogekko chahoua* beim Fressen von Fruchtbrei Foto: Ch. Langner

chert werden. Da sie gewöhnlich schon einige Tage in ihren Plastikdosen saßen, ist ihr Gehalt an

Grillen stellen die Hauptnahrung für die Flechtengeckos dar Foto: A. Laube

wichtigen Nährstoffen geringer als er sein sollte.

Der pflanzliche Nahrungsanteil kann relativ einfach in Form handelsüblicher Babynahrung auf Fruchtbasis angeboten werden. Gern wird Bananenbrei bzw. gequetschte Banane gefressen, sollte aber wegen des ungünstigen Kalzium-/Phosphor-Verhältnisses nur gelegentlich verfüttert werden. Eine Alternative ist ein Baby-Fruchtbrei auf Pfirsich-/Maracuja-Basis, der von allen unseren Früchte fressenden Geckos sehr gern genommen wird, aber mit Kalzium-Präparaten wie „Calcium Fubriase" aufgewertet werden muss. Eine sehr willkommene Abwechslung für die Versorgung der Geckos ist das in verschiedenen Sorten und Geschmacksrichtungen angebotene Fertigfutter „Crested Gecko Superfood" der Firma Repashy Superfoods, das mittlerweile auch bei uns erhältlich ist. Diese in Pulverform angebotene Spezialfuttermischung braucht nur noch in der gewünschten Menge mit etwas Wasser zu einem Brei verrührt werden und enthält alle für die Geckos notwenigen Nahrungsbestandteile. Der Erfolg von einigen 10.000, ausschließlich mit diesem Alleinfutter in den USA „produzierten" *Rhacodactylus*-Nachzuchten, spricht für sich. Wir empfehlen trotzdem die zusätzliche Fütterung mit Insekten, da sie es den Geckos ermöglicht, ihrem natürlichen Jagdverhalten nachzugehen, einen zusätzlichen Bewegungsanreiz darstellt und dem Pfleger sicherlich auch interessante Verhaltensbeobachtungen beim Beutefang bietet.

Nicht unerwähnt bleiben soll eine ungeahnte Perspektive dieser insektenfreien Haltungsmöglichkeit. Unserem Hobby weniger aufgeschlossene Lebenspartner lassen sich oftmals leichter zur Geckopflege im gemeinsamen Haushalt überreden, wenn krabbelndes „Ungeziefer" bei der Fütterung keine Rolle mehr spielt.

Allerdings muss in diesem Zusammenhang darauf hingewiesen werden, dass es manchmal zu Problemen kommen kann, erwachsene

Geckos, die eine abwechslungsreiche Fütterung gewöhnt sind, auf das Fertigfutter umzustellen. Manche verputzen den Fertigbrei von Anfang an mit Heißhunger, bei anderen ist eine längere Gewöhnungsphase notwendig. Nach einer Fastenzeit und anfänglicher Beimischung des gewohnten „Babybreis“ haben aber über kurz oder lang alle unsere Geckos das Futter akzeptiert. Jungtiere damit aufzuziehen, bereitet hingegen keinerlei Probleme.

Angeregt durch in der freien Natur entnommene Kotproben, die u. a. Feigensamen enthielten, hat der Erstautor Versuche mit kleingeschnittenen frischen Früchten der Mittelmeerfeige *Ficus carica* aus dem eigenen Garten durchgeführt. Der Erfolg war unterschiedlich, von einigen *M. chahoua* wurden die Feigen regelrecht verschlungen, von anderen wiederum völlig ignoriert. Auch Geckos haben also durchaus individuelle Vorlieben.

Weiterhin können Früchte wie Weintrauben, Pfirsiche, Aprikosen, diverse Beeren, Mangos sowie etliche andere exotische Früchte angeboten werden. Versuch macht klug und man lernt hier schnell, was die einzelnen Geckos bevorzugen.

Bei der Fütterung mit Insekten sollte man besser öfter kleinere Mengen anbieten, als einmal wöchentlich eine große Menge. Neben der besseren Kontrolle der Nahrungsaufnahme hat dies den Vorteil, dass sich die mit Mineralstoff-/Vitaminpulver eingestäubten Futterinsekten nicht nach einiger Zeit diese wichtigen Nahrungsergänzungsmittel (siehe auch Kapitel „Vitamin-/Mineralstoffversorgung“) abputzen.

Um zu vermeiden, dass sich z. B. die gern gefressene Argentinische Schabe (*Blabtica dubia*) im Terrarium versteckt, kann man diese in glattwandigen Gefäßen (z. B.

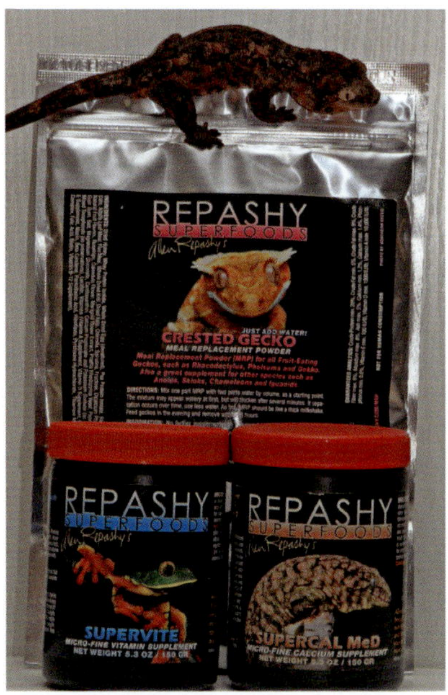

„Crested Gecko Superfood“ Foto: A. Laube

Ficus habrophylla*, potentielle Nahrungspflanze von *M. chahoua Foto: Ch. Langner

Einweckgläser) anbieten, da diese Schabenart nicht an glatten Wänden hochklettern kann. Sollte hin und wieder doch einmal das ein oder andere Insekt ins Terrarium entwischen, wird es meist sehr schnell von den gefräßigen Geckos erbeutet.

In den Sommermonaten, wenn auch der Stoffwechselumsatz der Geckos höher ist als im Winter, erhalten adulte Flechtengeckos etwa zwei bis drei Grillen bzw. ein bis zwei mittelgroße Schaben pro Tier und Tag. Einmal wöchentlich wird Fruchtbrei gereicht. An diesem Tag und an einem beliebig zu wählenden Fastentag sollten keine Insekten gereicht werden. Während einer vier- bis sechswöchigen Ruhephase wird – bei leicht reduzierten Temperaturen (langsame Absenkung auf 22–25 °C) – die Futtermenge reduziert. Das kann zudem vorteilhaft für die Auslösung von Paarungsaktivitäten sein.

Temperaturen, Wasserversorgung und Feuchtigkeit

Während der Fortpflanzungsperiode von März/April bis September/Oktober wird die Terrarieneinrichtung jeden zweiten Tag mit lauwarmem Wasser übersprüht. Idealerweise geschieht dies am Abend, unmittelbar bevor die Beleuchtung ausgeschaltet wird. Dadurch erreicht man, dass die Geckos zu Beginn ihrer abendlichen Aktivitätszeit die Möglichkeit haben, Wassertropfen zur Deckung ihres Flüssigkeitsbedarfs aufzunehmen. Verschiedene Pfleger halten und vermehren ihre Flechtengeckos erfolgreich ohne zu sprühen, so z. B. Allan Myers (schriftl. Mittlg.), der die Tiere bei der in seiner irischen Heimat üblichen Luftfeuchtigkeit von ca. 60 % hält und auf ein zusätzliches Sprühen gänzlich verzichtet. Auch wir konnten die Erfahrung machen, dass eine eher trockene Haltung den Geckos keineswegs schadet. Auch viele der amerikanischen Großzüchter halten ihre Flechtengeckos ohne zusätzliches Sprühen, die Wasserversorgung erfolgt hier ausschließlich über die Trinkgefäße. Da aber Flechtengeckos in ihrer Heimat in Regionen verbreitet sind, in denen es oft ausgiebig regnet und auch eine höhere Luftfeuchtigkeit herrscht, halten wir das regelmäßige Sprühen durchaus für sinnvoll. Außerdem lassen sich den Tieren über das Sprühwasser (siehe weiter unten) Flüssigvitamine verabreichen. Zudem trägt es sicherlich zur Paarungsstimulation bei, wenn nach einer den natürlichen Verhältnissen entsprechenden kühlen und trockeneren "winterlichen" Ruhephase wieder häufiger gesprüht wird.

Die Geckos sollten an den Jahresrhythmus der nördlichen Hemisphäre angepasst gepflegt werden, da dies in unseren Breitengraden durch den meist vorhandenen Einfluss des Klimas auf die Temperatur und Photoperiode im Terrarienzimmer einfacher ist.

Während der sommerlichen Hauptaktivitätszeit sollte die Temperatur in den Terrarien am Tage bei etwa 28 °C liegen und nachts auf 20–22 °C absinken. Während der Herbstmonate wird die Temperatur allmählich gesenkt, z. B. durch das Verwenden eines Spotstrahlers mit geringerer Leistung, sodass wir Tagestemperaturen von maximal 22–25 °C erreichen. In dieser Zeit sollte auch die Luftfeuchtigkeit herabgesenkt werden und nur noch ca. einmal wöchentlich gesprüht werden.

Im Dezember und Januar sind Nachttemperaturen um 18 °C vorteilhaft. Das entspricht durchaus den natürlichen Bedingungen, denn die Nächte im neukaledonischen „Winter“ können mitunter empfindlich kühl werden. So haben wir Ende September im Lebensraum von *R. auriculatus* Nachttemperaturen von 13 °C gemessen. Im nördlichen Hochland ermittelten wir bei dichtem Nebel und Nieselregen tagsüber nur 16 °C und in der Nacht 14 °C. Ein von uns auf der Îlle de Pins platzierter Datalogger registrierte sogar einige „Winternächte“ mit Tiefstwerten von 10 °C.

In der winterlichen Periode stellen wir das Sprühen im Terrarium gänzlich ein. Die Jahreszeiten im subtropischen Neukaledonien unterscheiden sich stärker durch einen Wechsel zwischen feuchten und trockenen Phasen als durch extreme Temperaturunterschiede. Wir reden hier deshalb nur von einer Ruhephase, in der sich vor allem die Weibchen von der kräftezehrenden Fortpflanzungszeit erholen sollen. Es ist daher auch wichtig, die Geckos in dieser Zeit weiterhin regelmäßig zu füttern. Ab März/April verfahren wir in

Vor dem Verfüttern werden die Futtertiere eingestäubt Foto: A. Laube

umgekehrter Reihenfolge, bis die sommerlichen Normalwerte erreicht sind. Ein Gefäß, stets gefüllt mit frischem Wasser, darf zu keiner Zeit fehlen.

Versorgung mit Vitaminen und Mineralstoffen

Neben einer abwechslungsreichen und hochwertigen Nahrung, sind auch Nahrungsergänzungsmittel wie Vitamine, Mineralstoffe und Spurenelemente von großer Bedeutung. Diese werden sowohl den Futtertieren als auch der erwähnten Babynahrung auf Fruchtbasis zugesetzt. Zum Einstäuben der Futtertiere ist eine vielfältige Anzahl an Präparaten im einschlägigen Angebot des Fachhandels zu finden. Wir haben hervorragende Erfahrungen mit dem Präparat Repashy Superfoods Calcium plus gemacht. Neben den optimalen Verhältnissen an Calciums/Phosphor, sowie Vitaminen, Mineralien, und Spurenelementen hat uns vor allem die Eigenschaft überzeugt, dass das Produkt durch die mikrofeine Struktur dieses Pulvers hervorragende Hafteigenschaften aufweist und die Futtertiere auch nach Tagen noch eingestäubt bleiben. Zum Einstäuben setzt man die Insekten in einen kleinen Plastikbehälter, gibt ein bis zwei Teelöffel des Pulvers hinzu, verschließt den Behälter und schüttelt diesen sachte. Anschließend gibt man die Futtertiere ins Terrarium.

Die Zufuhr von Kalk ist wichtig, da hierdurch eine Verbesserung des in der Nahrung oft ungünstigen Kalzium-Phosphor-Verhältnisses erreicht wird. Die Futtertiere haben oft einen zu hohen relativen Phosphor-Anteil. Kalk ist für den Knochenbau nötig und wird von den weiblichen Flechtengeckos vor allem in der Fortpflanzungsperiode für die Eischalenbildung benötigt.

Präparate in Pulverform lassen sich jedoch in Babybrei nicht so einfach untermischen und färben den Fruchtbrei teilweise durch Reaktionen mit der Fruchtsäure nach kurzer Zeit schwärzlich. Er wird dann von den Geckos nicht mehr so gerne genommen und verdirbt unserer Erfahrung nach auch schneller. Gut geeignet ist dagegen das in Apotheken erhältliche Frubiase® Calcium. Dieses in Ampullenform für die Humanmedizin angebotene Kalzium-Präparat lässt sich, da es auf Orangensaftbasis beruht, sehr gut mit dem Babybrei vermischen.

DER PRAXISTIPP

Zur zusätzlichen Kalziumversorgung während der Fortpflanzungszeit bieten wir den Geckos zerstoßene Sepiaschalen (kalkhaltiger Rückenschulp dieser Tintenfische) in kleinen Schälchen an. Sepiaschalen werden im Zoofachhandel als Schnabelwetzstein für Vögel angeboten. Die Flechtengeckos nehmen, wie übrigens auch die meisten anderen Geckoarten, bereitwillig die angebotenen Kalkbröckchen auf.

Zur Versorgung mit Vitaminen werden dem Sprühwasser gelegentlich, in der Regel alle drei bis vier Wochen, ungefähr 20 Tropfen Multibionta (rezeptfrei in Apotheken erhältlich) pro 1,5 Liter Wasser beigemischt. Die Vitaminetropfen sollten dem Sprühwasser erst unmittelbar vor der Verwendung im Terrarium beigefügt werden, da diese im Wasser nicht sehr lange haltbar sind. Auch sollten alle – besonders die flüssigen – Vitaminpräparate zur besseren Haltbarkeit kühl und dunkel gelagert werden und nach Anbrechen der Verpackung zügig aufgebraucht werden.

Erwähnt werden soll noch die Problematik der Vitamin D_3-Dosierung. Es wird auch Cholecalciferol oder Calciol genannt und gehört zur Gruppe der Calciferole. In seiner biologisch aktiven Form beeinflusst Vitamin D3 die Regulierung des Kalziumstoffwechsels. Allerdings tut es dies auf zweierlei Weise. Einerseits fördert es den Abbau von Kalzium aus den Knochen, andererseits begünstigt es aber auch die Aufnahme von Kalzium. Ist die Aufnahme von Kalzium zu niedrig, kann es zu Rachitis kommen (siehe Kapitel „Gesundheit"). Dies wird meist durch Verformungen des Knochenbaus sichtbar, z. B. anhand einer buckeligen Wirbelsäule oder eines verformten Kiefers. Ist die Aufnahme zu hoch, bspw. aufgrund zu hoher Dosierung, kann dies ebenfalls zum Kalkabbau in den Knochen führen. Daher ist es wichtig, den Vitamin-D3-Haushalt vorsichtig zu beeinflussen und bei der Vitaminisierung des Futters nicht zu übertreiben.

Gesundheit

Erfreulicherweise sind Krankheiten bei den recht robusten Geckos der alten Sammelgattung *Rhacodactylus* vergleichsweise rar. Im Vergleich zu anderen Geckos treten z. B. Häutungsschwierigkeiten sehr selten auf, denn die Tiere häuten sich meist am Stück. Eventuell anhaftende Hautreste können vorsichtig mit einer Pinzette entfernt werden. Besser ist eine temporäre Erhöhung der Luftfeuchtigkeit, um den Häutungsvorgang zu erleichtern. Bei angetrockneten Hautresten empfiehlt es sich, die Geckos über Nacht in eine mit feuchtem Fließpapier ausgelegte Grillendose zu setzen (auf adäquate Wärme achten!), damit sich die alte Haut lösen kann.

Bei unzureichender Versorgung mit Mineralstoffen und Vitaminen kann es vor allem bei Weibchen in der Fortpflanzungszeit und bei der Aufzucht der Jungtiere zu Mangelerscheinungen wie der bereits erwähnten Rachitis aber auch Osteoporose kommen. Auf eine ausreichende und ausgewogene Versorgung mit den im vorangegangenen Kapitel beschriebenen Mitteln ist deshalb unbedingt zu achten. Vor allem die Geckoweibchen sind in der Fortpflanzungszeit sehr anfällig für Rachitis. Hauptsächlich kurz nach der Eiablage sowie in der letzen Phase der Trächtigkeit benötigen sie vermehrt Kalzium zur Beschalung der sehr kalkhaltigen, schon fast hartschalig erscheinenden Eier. Wenn nicht genügend Kalzium über die Nahrung aufgenommen werden kann, so wird das benötigte Mineral direkt aus den eigenen Knochen gelöst. Dies kann bei der relativ häufig vorkommenden abgeschwächten Form der Rachitis zu einem leichten „Zickzackschwanz" führen, der sich aber bei erhöhter Versorgung mit Kalzium innerhalb kurzer Zeit wieder zurückbildet.

Stark an Rachitis erkrankte Geckos sind unbedingt durch einen erfahrenen Fachtierarzt zu behandeln. Hoch dosierte Kalziumgaben in Verbindung mit Vitamin D_3 und eine eventuelle UV-Bestrahlung sind dann ratsam. Bei starken irreversiblen Schädigungen wie Rückgratverkrümmungen und weichen Kiefern, die auch nach ausgiebiger Behandlung durch einen Tierarzt nicht zum Erfolg führten, sollte man eine fachgerecht durchgeführte Euthanasie in Erwägung ziehen, um dem betroffenen Tier langwierige Leiden zu ersparen. Bei intensiver Behandlung konnten aber auch schwierige Fälle von Rachitis durchaus erfolgreich behandelt werden. So gelang dem Erstautor eine erfolgreiche Behandlung bei einem weiblichen *Correlophus ciliatus*. Das Tier wies erhebliche Deformationen im Unterkieferbereich auf und das Maul konnte nicht mehr geschlossen werden. Ferner war es nicht mehr in der Lage die Gliedmaßen in normaler Funktion einzusetzen. Der Gecko ist mittlerweile vollständig und ohne äußerlich sichtbare Folgeschäden genesen und reproduziert wieder erfolgreich. Auch Seufer et al. (2005) bilden in ihrem Buch in eindrucksvoller Weise einen erkrankten Leopardgecko ab, der erfolgreich behandelt wurde.

Der sporadisch auftretende Befall mit roten Blutmilben (*Geckobia*) konnte sehr erfolgreich mit Frontline Spray (Wirkstoff Fipronil 0,25 g/100 ml Wasser) bekämpft werden. Den befallenen Geckos wird an einer für ihre Zunge nicht erreichbaren Stelle (z. B. im Nackenbereich) ein kurzer Sprühstoß aufgetragen. Nach einigen Tagen sind in der Regel keine Milben mehr festzustellen. Um sicher zu gehen, sollte der Vorgang nach 14 Tagen wiederholt werden. Sehr negative Erfahrungen machte der Erstautor in diesem Zusammenhang mit ätherischen Ölen. Ein ausgewachsener *R. leachianus*, bei dem die Milben mit einem mit Teebaumöl (vom australischen Teebaum *Mellaleuca alternifolia*) getränkten Wattestäbchen abgetupft worden waren, verendete nach wenigen Stunden. Ein zweites ebenso „behandeltes" Tier trug schwere Hautläsionen davon, die nur langsam verheilten. Dennoch blieben großflächige unpigmentierte Narben zurück.

Krankheitsbedingte Probleme traten darüber hinaus bei unseren Tieren bisher nicht auf. Eine in regelmäßigen Abständen von einem Tierarzt durchgeführte Kotuntersuchung gibt Aufschluss über den Gesundheitszustand der Geckos. Hin und wieder auftretende, entweder genetisch bedingte oder durch zu hohe Zeitigungstemperaturen verursachte Missbildungen, wie z. B. verkürzte oder geknickte Schwänze, schaden den Geckos nicht, diese Tiere sollten aber für die weitere Zucht keine Verwendung finden. So wurde beim Erstautor einmal ein komplett schwanzloses Jungtier geboren.

Geschlechtsbestimmung

Die Bestimmung der Geschlechter bei *M. chahoua* ist bei ausgewachsenen Exemplaren recht einfach. Männchen besitzen sehr gut ausgeprägte Hemipenistaschen mit deutlichen Postanal-

Männchen von *Mniarogekko chahoua* sind an den ausgeprägten Hemipenistaschen erkennbar
Foto: Ch. Langner

tuberkeln, weiterhin findet man bei ihnen deutlicher ausgeprägte Femoralporen. Ab etwa einem halben bis dreiviertel Jahr lassen sich die Geschlechter bei den Jungtieren erkennen. Sie sollten ab diesem Zeitpunkt, wie weiter oben bereits erwähnt, nach Geschlechtern getrennt aufgezogen werden. Mit etwas Übung und ausreichend „Vergleichsmaterial" kann man anhand der stärker ausgeprägten Präanalporen der männlichen Geckos unter Zuhilfenahme einer Lupe auch am Jungtier Geschlechtsunterschiede feststellen (De Vosjoli et al. 2003).

Paarungsverhalten

Paarungen der Geckos konnten von uns bei den streng nachtaktiven Tieren nur selten beobachtet werden. Sie erfolgen in geckotypischer Weise mit Nackenbiss durch das Männchen, meist in erhöhter Position an Ästen oder an den Terrarienwänden. Mehrfache Paarungen in einer Nacht sind möglich, sie dauern stets nur einige Minuten. Die Paarungszeit fällt bei uns unter Terrarienbedingungen in die Monate März bis Juli. Über Paarungszeit und Verhalten im Freiland ist bis heute nichts bekannt. Die Tiere werden aber häufig paarweise am gleichen Baum angetroffen. Während der Paarung und vor allem bei der vorausgehenden Verfolgung des Weibchens durch das Männchen werden mitunter „quietschende" Abwehrlaute ausgestoßen.

Trächtigkeit und Eiablage

Über die Dauer der Tragzeit bei *M. chahoua* gibt es bisher keine verlässlichen Angaben. Wenige Tage vor dem Absetzen der Eier suchen die trächtigen Weibchen mitunter auch tagsüber außerhalb ihres Versteckplatzes nach geeigneten Eiablageplätzen. Hat das Weibchen erst einmal eine ihr geeignet erscheinende Stelle gefunden, wird diese häufig als dauerhafte Ablagestelle gewählt.

Dies kann ein umgedrehter Blumentopf mit vergrößertem Einstiegsloch, ein ausgehöhlter Baumstamm, eine große aufklappbare Bambusröhren oder ein Nistkasten, wie er für die Sittichzucht Verwendung findet, sein. Die Ablagebehältnisse werden mit einer dünnen Schicht leicht feuchten Mooses, Erde oder Laub belegt. Die Eier werden bei uns nie vergraben sondern meist an einer Wand des Behälters abgelegt. Gelegentlich wählen die Weibchen jedoch zu ihrer bevorzugten Eiablagestelle offenere Bereiche des Terrariums aus, z. B.

Paarung von *Mniarogekko chahoua*
Foto: P. Schönecker

Die Gelege werden dem Terrarium entnommen und in einen Inkubator überführt Foto: A. Laube

zwischen Pflanzen, Wurzeln oder, sofern die Pflanzen im Blumentopf belassen wurden, die glatte Oberfläche desselben. Bei HENKEL (1986) haben die Weibchen zur Eiablage Gänge in feuchte Erde gegraben, die nach erfolgter Ablage wieder zugescharrt wurden. Möglicherweise liegt hier eine populationsabhängige Verhaltensvarietät vor.

Die Eier von *M. chahoua* nehmen innerhalb der Familie Diplodactylidae eine Sonderstellung ein, denn ihre extrem kalkhaltige Schale erinnert sehr an die hartschaligen Eier der Familie Gekkonidae. Neben *Rhacodactylus leachianus* besitzen vor allem Arten der Gattung *Eurydactylodes* eine vergleichbar kalkhaltige Schale. Eventuell ist dies ein weiterer Hinweis auf die enge verwandtschaftliche Beziehung der beiden Gattungen *Mniarogekko* und *Eurydactylodes*. Die oval-längliche Form und die vor allem nach dem Schlupf erkennbare Elastizität der Schale weisen die Gelege von *Mniarogekko chahoua* allerdings „eindeutig“ als weichschalig aus. Eine weitere Besonderheit ist das bis heute nur bei dieser diplodactyliden Art beobachtete häufige Aneinanderkleben der fast ausschließlich als Doppelgelege abgesetzten Eier. Auch am Untergrund (Blumentopf, Nistkasten, Holz, etc.) können die Gelege festkleben. In diesem Fall sollte man sich beim Bergen der Eier gedulden und selbige nicht gewaltsam entfernen. Üblicherweise lässt die Haftwirkung nach zwei bis drei Wochen nach und die Eier können unter vorsichtigen Lockerungsbewegungen vom Untergrund gelöst werden. Damit die Eier in dieser Zeit nicht austrocknen, müssen sie vorsichtig mit feuchtem Substrat (z. B. Erde, Vermiculit) bedeckt werden. Vorsichtig besonders auch deshalb, weil das Gelege vor allem in der ersten Zeit vom Weibchen bewacht und aggressiv mit Abwehrbissen verteidigt wird, ein sonst eher von den Vertretern der Gattung *Gecko* bekanntes Verhalten.

Sie sehen also, dass Flechtengeckos viele interessante und einmalige Besonderheiten an den Tag legen, die ohne Terrarienhaltung und die damit verbundene sorgfältige Beobachtung kaum zur Kenntnis gelangt wären. Ein durchaus positiver Aspekt, der die nicht unumstrittene Terrarienhaltung legitimiert und viele auch für die Wissenschaft neue und relevante Erkenntnisse liefert, die so im Freiland kaum gewonnen werden könnten. So bietet sich auch zukünftig ein weites und durchaus spannendes Betätigungsfeld, auch für den engagierten Laien.

Gesunde Weibchen produzieren während der Fortpflanzungsperiode meist 3–5 Gelege im Abstand von 5–6 Wochen. Die Eier haben eine ovale Form und messen nach der Ablage, abhängig auch vom Alter und Ernährungszustand des Weibchens, zwischen 25–26 x 14–15 mm. Kurz vor dem Schlupf lässt sich eine deutliche Längen- und Gewichtzunahme der Eier feststellen.

An Rinde angeklebte Gelege Foto: Ch. Langner

Inkubation

Nachdem die Flechtengeckos ihre Eier abgelegt haben, werden diese in einen handelsüblichen Brutkasten für Reptilien überführt. Wir bebrüten die Gelege in einem Trockenbrüter, der durch ein thermostatgesteuertes Heizkabel erwärmt wird. Somit kann sichergestellt werden, dass Temperatur und vor allem Feuchtigkeit langfristig im benötigten Bereich liegen. Als Substrat empfehlen wir Vermiculit oder Perlit. Mit beiden Substraten wurden gute Ergebnisse erzielt, wobei vor allem der Erstautor derzeit Perlit den Vorzug gibt. Das Verhältnis der Gewichtsanteile von Brutsubstrat und Wasser sollte in etwa 2: 1 betragen. Die richtige Feuchtigkeit lässt sich einfach mittels der sogenannten Handprobe überprüfen. Dabei wird eine Handvoll angefeuchtetes Substrat leicht zusammengedrückt. Wenn dabei

Frisch geschlüpfte Jungtiere Foto: A. Laube

kein Wasser mehr austritt, ist der optimale Feuchtigkeitsgehalt erreicht.

Die Gelege werden in mit Deckeln verschließbare Kunststoffdosen überführt, z. B. leere und gereinigte Heimchendosen. Durch die seitliche Perforation dieser Gefäße ist ein steter Luftaustausch gewährleistet, es muss allerdings regelmäßig überprüft werden ob das Substrat noch feucht genug ist. Falls nicht, wird mit einer Laborspritzflasche nachgefeuchtet. Dabei ist darauf zu achten, die Gelege nicht direkt zu benetzen. Auch sollte sich am Boden des Brutbehälters kein Wasser ansammeln.

Die Eier werden vollständig mit Brutsubstrat abgedeckt. Zur weiteren Kontrolle werden die Gelege hin und wieder mit einem Pinsel freigelegt. Verdorbene Eier erkennt man aber oft schon durch das sich bräunlich- gelb verfärbende Brutsubstrat über dem Gelege, ohne dass die Eier freigelegt werden müssen. Verdorbene Eier sollten natürlich entfernt werden um etwaige weitere gesunde Eier in der Brutbox nicht zu gefährden. Nach erfolgter Kontrolle ist das Gelege wieder sorgfältig mit Substrat zu bedecken. Die Körnung des Substrats stellt sicher, dass Luft an die Eier kommt. Obwohl die

Gelege meistens offen abgelegt werden und sie bis zum Ende ihrer Entwicklung durch die stark kalkhaltige Schale gut gegen Austrocknung geschützt scheinen, benötigen sie vor allem kurz vor dem Schlupf die feuchte Umgebung des Brutsubstrats. Wobei hier feucht natürlich nicht mit nass zu verwechseln ist. Nicht mit Substrat abgedeckte Eier entwickeln sich zwar vollständig, es gelingt den Schlüpflingen aber nur in den seltensten Fällen, die dicke, lederartige Eihülle zu durchstoßen. Schlitzversuche mittels der Eizähne auf der Innenseite der Eischale zeugen vom erfolglosen Versuch, selbige

Jungtier von *Mniarogekko chahoua* benutzt den Greifschwanz Foto: Ch. Langner

Ein Jungtier von *Mniarogekko chahoua* nutzt den Greifschwanz als fünfte Gliedmaße. Schwanzspitze mit Haftorgan siehe Pfeil. Foto: Ch. Langner

Wenige Wochen altes Jungtier von *Mniarogekko chahoua* Foto: Ch. Langner

zu durchdringen. Überhaupt ist die Phase des Schlüpfens die kritischste Zeit bei der Zucht dieser Geckos. Auch bei den von uns geschilderten, als optimal erachteten Bedingungen kommt es immer wieder vor, dass einzelne, vollständig entwickelte Jungtiere im Ei absterben. Woran dies liegt, konnte bis jetzt noch nicht befriedigend geklärt werden. Seipp & Henkel (2000) weisen darauf hin, dass der Gesundheitszustand der Elterntiere maßgeblich die Vitalität der Jungtiere beeinflusst.

Die Temperaturen, bei denen die Eier gezeitigt werden, sollten zwischen 26–27 °C liegen. Geringfügig (vor allem nachts) niedrigere Werte erhöhen die Chance, weibliche Jungtiere zu erhalten. Höhere Werte ergeben mit Sicherheit Männchen. Bei den von uns als optimal erachteten 26–27 °C erhält man ein ungefähr ausgewogenes Geschlechtsverhältnis, aber trotzdem mit tendenziell leichtem Männchenüberschuss.

Bei einer relativen Luftfeuchtigkeit von 80–90 % schlüpften die Jungtiere nach 70–104 Tagen. Der Zweitautor zeitigte in der Hoffnung auf weibliche Nachzuchten ein Gelege bei konstant 25 °C (Jäger Kunstglucke). Nach 136 bzw. 140 Tagen schlüpften zwei gesunde Jungtiere, die sich später dennoch als Männchen herausstellten. Henkel (1986) nennt einen Inkubationszeitraum von 72–81 Tagen bei 28 ± 1 °C.

Die Tiere haben nach dem Schlupf eine GL von etwa 90 mm, bei 45 mm KRL. Die jungen Geckos

Jungtier im Alter von vier Monaten Foto: Ch. Langner

häuten sich meist innerhalb der ersten 24–48 Stunden. Die Haut löst sich zuerst im Schnauzenbereich und wird, wie auch bei den Adulti üblich, vollständig verzehrt. Nach dem Schlupf sollten die jungen Geckos in ein Aufzuchtterrarium überführt werden.

Die Zeichnung und Färbung der Jungtiere unterscheidet sich sehr deutlich von derjenigen der Alttiere. Die Jungtiere sind meist dunkel schokoladenbraun. Eine leichte Zeichnung ist höchstens ansatzweise zu erkennen. Erst im Alter von 9–12 Monaten beginnen sich die Jungtiere allmählich umzufärben. In einem Alter von rund zwei Jahren „erstrahlen" die Geckos dann im Glanze ihrer eigentlichen Prachtfärbung.

DER PRAXISTIPP

Als Aufzuchtbehälter für Jungtiere haben sich die im Einzelhandel angebotenen 5,8-Liter-Braplast-Dosen (185 x 185 x 190 mm) bewährt. Mit wenigen Handgriffen lassen sich aus ihnen recht brauchbare Terrarien herstellen. Mittels eines Lötkolbens oder einer kleinen Trennscheibe (Dremel) wird im Deckel und an einer Frontseite eine Fläche herausgeschnitten, sodass nur noch ein ca. 2 cm breiter Rand übrig bleibt. Auf diesen schweißt man nun mit einem Lötkolben feinmaschige Drahtgaze aus Aluminium. Durch die Hitze des Lötkolbens verbindet sich der angeschmolzene Kunststoff dauerhaft mit der Drahtgaze. Auf ausreichende Belüftung ist während dieser Arbeiten wegen der sich entwickelnden giftigen Kunststoffdämpfe unbedingt zu achten. Ein bis drei Jungtiere können in den ersten Monaten in diesen Miniterrarien aufgezogen werden. Eine Einzelaufzucht bietet jedoch den Vorteil, die Tiere besser kontrollieren zu können und ein mögliches stressbedingtes Zurückbleiben einzelner Jungtiere von vornherein zu vermeiden.

Aufzucht der Jungtiere

Die Aufzucht junger Flechtengeckos gestaltet sich völlig unproblematisch. Frisch geschlüpfte Jungtiere nehmen meist schon nach wenigen Tagen willig das angebotene Futter in Form von Fruchtbrei und Insekten an. Es werden täglich ungefähr zwei gut eingestäubte Heimchen oder Grillen und einmal wöchentlich mit Frubiase® angereicherter Fruchtbrei bzw. das weiter oben beschriebene Fertigfutter gereicht. Die Jungtiere sind beim Schlupf schon so groß, dass sie mühelos mittelgroße Heimchen und kleine Grillen überwältigen können. Sie können gemeinsam in kleinen Gruppen in einem Aufzuchtterrarium gehalten werden. Wird ein Jungtier allerdings unterdrückt und gelangt schlechter ans Futter, muss man es separieren. Im Alter von ungefähr 8–10 Monaten können erste Streitigkeiten unter den Nachzuchttieren beginnen, was meist daran liegt, dass mehrere männliche Tiere in der Gruppe sind. Es empfiehlt sich, die Echsen ab diesem Zeitpunkt nach Geschlechtern getrennt zu pflegen. In diesem Alter lassen sich die Geschlechter recht gut an den stärker ausgebildeten Hemipenistaschen erkennen.

Danksagung

DER Erstautor möchte sich recht herzlich bei Dr. Peter Sound und Friedrich Wilhelm Henkel bedanken, die es ihm ermöglicht haben, am Forschungsprojekt zur neukaledonischen Herpetofauna mitzuarbeiten. Dank an Markus Juschka (Neuss) für das Überlassen wichtiger Daten. Bei Allan Repashy (USA) möchte sich der Erstautor für die gewährte Gastfreundschaft, freundliche Führung durch seine beeindruckenden Zuchtanlagen und die kostenlose Nutzung seiner Produkte zu Testzwecken bedanken, bei Dr. Christine Pöllabauer (Noumea, Neukaledonien) recht herzlich für die gewährte großzügige Gastfreundschaft und hervorragende Bewirtung, als wir uns zum wiederholten Mal für mehrere Tage bei ihr „eingenistet“ hatten. Dank gebührt wiederum F.W. Henkel, der es dem Erstautor ermöglichte, den von ihm gepflegten *Mniarogekko jalu* zu fotografieren.

Kräftiges Nachzuchtweibchen von *Mniarogekko chahoua*
Foto: A. Laube

Weitere Informationen

ZUR Vertiefung der in diesem Buch gegebenen Informationen und zum besseren Einblick in terraristische und herpetologische Themenbereiche empfehlen sich die Mitgliedschaft in einem Verein gleich gesinnter Terrarianer und ein intensives Literaturstudium. Die folgenden Auflistungen sollen dabei behilflich sein, einen Einstieg in die Thematik zu finden, können aber natürlich nur einen kleinen Ausschnitt aufzeigen.

Vereine und Interessengruppen

Die Deutsche Gesellschaft für Herpetologie und Terrarienkunde (DGHT; www.dght.de) ist die weltweit größte Gesellschaft ihrer Art und bringt Wissenschaftler und Hobby-Herpetologen zusammen. Innerhalb der DGHT existiert die „AG Echsen“ , die sich mit Geckos beschäftigt und jährliche Fachtagungen veranstaltet.

Zeitschriften

- REPTILIA
Terraristik-Fachmagazin
erscheint sechs Mal jährlich
Natur und Tier - Verlag GmbH
An der Kleimannbrücke 39/41
48157 Münster
Tel.: 0251-133390
E-Mail: verlag@ms-verlag.de

- elaphe
(nur für Mitglieder der DGHT)

Untersuchungsstellen

Kotproben, Sektionen und andere Untersuchungen können von spezialisierten Tierärzten oder von veterinärmedizinischen Untersuchungsstellen vorgenommen werden, die es in vielen Städten gibt.
Eine Liste mit Tierärzten, die sich mit Reptilien und Amphibien beschäftigen, kann über die DGHT bezogen oder auf www.dght.de eingesehen werden.
Überregional bekannt sind z. B. folgende Einrichtungen:

- exomed (www.exomed.de)
- LABOKLIN (www.laboklin.de)
- Landesbetrieb Hessisches Landeslabor (www.lhl.hessen.de)

Verwendete und weiterführende Literatur

Bauer, A.M. (1990): Phylogenetic Systematics and Biogeography of Carphodactylini (Reptilia: Gekkonidae). – Bonn. Zool. Monogr 30: 1–219.

– (1997): The morphology of the adhesive tail tips of carphodactyline geckos (Reptilia: Diplodactylidae). – J. Morphol. 235: 41–58.

Bauer, A.M. & A.P. Russell (1986): *Hoplodactylus delcourti* n. sp. (Reptilia: Gekkonidae), the largest known gecko. – New Zealand J. Zool. 13: 141–148.

Bauer, A.M. & K.D. DeVaney (1987): Aspects of diet and habitat use in some New Caledonian lizards. – Amphibia-Reptilia 8: 349–364.Bauer, A.M. (1990): Phylogenetic Systematics and Biogeography of Carphodactylini (Reptilia: Gekkonidae). – Bonn. Zool. Monogr 30: 1–219.

– (1997): The morphology of the adhesive tail tips of carphodactyline geckos (Reptilia: Diplodactylidae). – J. Morphol. 235: 41–58.

Bauer, A.M. & A.P. Russell (1986): *Hoplodactylus delcourti* n. sp. (Reptilia: Gekkonidae), the largest known gecko. – New Zealand J. Zool. 13: 141–148.

Bauer, A.M. & K.D. DeVaney (1987): Aspects of diet and habitat use in some New Caledonian lizards. – Amphibia-Reptilia 8: 349–364.

Bauer, A.M. & R.A. Sadlier (2000): The herpetofauna of New Caledonia. – Society for the Study of Amphibians and Reptiles, Ithaca, New York, 310 S.

Bauer, A.M., T. Jackman, R.A. Sadlier & A.H. Whitaker (2006a): A new genus and species of diplodactylid gecko (reptilia: squamata: diplodactylidae) from Northwestern New Caledonia. – Pacific Science 60(1): 125–136.

Bauer, A.M., T. Jackman, R.A. Sadlier, A.H. Whitaker & H. Anthony (2006b): A revision of the *Bavayia* validiclavis group (Squamata: Gekkota: Diplodactylidae), a clade of New Caledonian geckos exhibiting microendemism. – Proc. Cal. Acad. Sci. 57(12–24): 503–547.

Bauer, A. M.; T. R. Jackman, R. A. Sadlier & A. H. Whitaker 2012. Revision of the giant geckos of New Caledonia (Reptilia: Diplodactylidae: *Rhacodactylus*). Zootaxa 3404: 1–52

Bavay, A. (1869): Catalogue des reptiles de la Nouvelle-Calédonie et description d'espéces nouvelles. – Mémoires Societé Linniene de Normandie 15: 1–37.

BMELF (Bundesministerium für Ernährung, Landwirtschaft und Forsten) (1997): Gutachten über Mindestanforderungen an die Haltung von Reptilien vom 10. Januar 1997. – Referat Tierschutz, Bonn, 78 S., oder Inhaltlich unveränderte Sonderausgabe der Deutschen Gesellschaft für Herpetologie und Terrarienkunde e. V. (DGHT), Rheinbach, 78 S.

BÖHME, W. (1976): Über die Gattung *Eugongylus* FITZINGER, mit Beschreibung einer neuen Art (Reptilia: Scincidae). – Bonn. Zool. Beitr. 27: 245–251.

– (1979): Eine neue Art der Gattung *Leiolopisma* DUMÉRIL et BIBRON, 1839 aus Neukaledonien (Reptilia: Sauria: Scincidae). – Salamandra 15: 140–145.

DE VOSJOLI, P., F. FAST & A. REPASHY (2003): *Rhacodactylus*. The Complete Guide to their selection and care. – Advanced Visions Inc., 296 S.

GOOD, D.A., A.M. BAUER & R.A. SADLIER (1997): Allozyme evidence for the phylogeny of giant New Caledonian geckos (Squamata: Diplodactylidae: *Rhacodactylus*), with comments on the status of *R. leachianus* henkeli. – Aust. J. Zool. 45: 317–330.

GRANDCOLAS, P., MURIENNE, J., ROBILLARD, T., DESUTTER- GRANDCOLAS, L., JOURDAN, H., GUILBERT, E., DEHARVENG, L. (2008): New Caledonia: A very old Darwinian island? – Philos. Trans. R. Soc. Lond. Ser. B 363: 3309-3317.

HAN D, ZHOU K & BAUER A.M. (2004): Phylogenetic relationships among gekkotan lizards inferred from c-mos nuclear DNA sequences and a new classification of the Gekkota. – Biological Journal of the Linnean Society 83: 353–368

HENKEL, F.W. (1981): Pflege und Nachzucht von *Rhacodactylus chahoua*. – DATZ 34(2): 68–70.

– (1986): *Rhacodactylus chahoua* (BAVAY). (Reptilia: Sauria: Gekkonidae). – Amph.-/Rept.-Kartei: Beilage in Sauria 8(3): 51–52.

HENKEL, F.W. & W. SCHMIDT (1991): Geckos. Biologie, Haltung und Zucht. – Ulmer Verlag, Stuttgart.

HENKEL, F.W. & W. BÖHME (2001): A new carphodactyline gecko of the New Caledonian genus *Eurydactylodes* (Sauria: Gekkonidae). – Salamandra 37(3): 149–156.

JAFFRÉ, T., P. MORAT, J.M. VEILLON & H.S. MACKEE (1987): Changements dans la végétation de la Nouvelle-Calédonie au cours du Tertiaire: La végétation et la flore des roches ultrabasiques. – Bull. Mus. Natl. Hist. Nat., Paris., Sér. 4, sect. B, Adansonia 9: 365–391.

JOURDAN H., R.A. SADLIER & A.M. BAUER (2001): Little fire ant invasion (*Wasmannia auropunctata*) as a threat to New Caledonian lizards: Evidences from a sclerophyll forest (Hymenoptera: Formicidae). – Sociobiology 38(3A): 283–301.

KING, M. & P. HORNER (1993): Family Gekkonidae. – S. 221–233 in: GLASBY, C.J., G.J.B. ROSS & P.L. BEESLEY (Hrsg.): Fauna of Australia. – Australian Government Publishing Service, Canberra.

LANGNER, Ch. (2008): Der Neukaledonische Flechtengecko *Rhacodactylus chahoua*. – Draco 9 (36): 64-71

– (2015): Auf der Suche nach Neukaledonischen Riesengeckos. – Reptilia Nr. 113: 34–44.

– & P. SCHÖNECKER (2018): Pacific Lost World - die weniger bekannte, gefährdete Geckofauna Neukaledoniens. - Terraria/elaphe 1/2018: 14-27.

– & P. SOUND (2016): First data on the dietary spectrum and activity of the New Caledonian Giant Skink, *Phoboscincus garnieri* (BAVAY, 1869). – Sauria 38(3): 57-59.

LORD, J.M. & J. MARSHALL (2001): Correlations between growth form, habitat, and fruit colour in the New Zealand flora, with reference to frugivory by lizards. – New Zealand Journal of Botany 39: 567–576.

MEIER, H. (1979): Herpetologische Beobachtungen auf Neukaledonien. – Salamandra 15: 113–139.

MERTENS, R. (1964): Neukaledonische Riesengeckos (*Rhacodactylus*). – Zool. Garten, N. F. 29: 49–57.

MÜLLER, P.L.S. (1774): Des Ritters Carl von Linné königlich schwedischen Leibarztes sc. sc. vollständiges Natursystem nach der zwölften lateinischen Ausgabe. Dritter Theil: Von den Amphibien. – Gabriel Nicolaus Raspe, Nürnberg.

MURIENNE, J. (2009): New Caledonia: Biology. – S. 643–645 in: GILLESPIE, R. & D. CLAGUE (Hrsg.): Encyclopedia of Islands, University of California Press.

– GRANDCOLAS, P., PIULACHS, M.D., BELLES, X., D'HAESE, C., LEGENDRE, F., PELLENS, R., GUILBERT, E. (2005): Evolution on a shaky piece of Gondwana: is local endemism recent in New Caledonia? – Cladistics 21: 2-7.

NICOLAS V., GRANDCOLAS P., BRAUX, F., JOURDAN H., MALAU A., COULOUX A., OHLER A. Recent species in old Islands: the origin of introduced populations of Litoria aurea (Anura: Hylidae) in New Caledonia and Wallis. – Amphibia-Reptilia, 2015, 36 (1), p. 65-81.

NIMSCH, H. (2011): Araucaria. Alle Arten der Gattung in Bild und Text. – Verlag Kessel, Remagen, 244 S.

RÖSLER, H. (1995): Geckos der Welt – Alle Gattungen. – Urania Verlag, Leipzig, 256 S.

ROUX, J. (1913): Les reptiles de de la Nouvelle-Calédonie et des îles Loyalty. – S. 79–160 in: SARASIN, F. & J. ROUX (Hrsg.): Nova Caledonia, Recherches scientifiques en Nouvelle Calédonie et aux Iles Loyalty. Zoologie. (vol. 1, L. 2). – C. W. Kreidel's Verlag, Wiesbaden.

SCHÖNECKER, P. & LANGNER, C. (2012): Neue Namen und alte Bekannte – Gattungsrevision der Neukaledonischen Riesengeckos (*Rhacodactylus*) und weiterer Geckogattungen Neukaledoniens. – Terraria Elaphe 2012 (6): 58-65

SEIPP, R. & F.W. HENKEL (2000): *Rhacodactylus*. Biologie, Haltung und Zucht. – Chimaira, Frankfurt. 173 S.

SEUFER, H., Y. KAVERKIN & A. KIRSCHNER (Hrsg.) (2005): Die Lidgeckos. – Kirschner & SEUFER Verlag, Rheinstetten, 238 S.

WHITAKER, A.H. (1987): The roles of lizards in New Zealand plant reproductive strategies. – New Zealand Journal of Botany 25: 315–328.

WILSON, S.K. & D.G. KNOWLES (1988): Australia's Reptiles. A Photographic Reference to the Terrestrial Reptiles of Australia. – William Collins Pty Ltd., Sydney, 447 S.

NTV

Bücher für Ihr Hobby

Lebendfutter selber züchten

Walter Wiest & Stefan Greff

200 Seiten, viele Abbildungen
Format: 17,5 x 23,2 cm
Hardcover

ISBN 978-3-86659-520-0
34,80 €

Hochwertige Futtertiere sind das A und O für die erfolgreiche Haltung und Nachzucht räuberischer Pfleglinge in Aquarium und Terrarium.

Abwechslung ist dabei sehr wichtig, damit es nicht zu einseitiger Ernährung kommt. Sicherstellen lässt sich eine entsprechende Versorgung der Tiere am besten, indem man selbst eine Palette wirbelloser Futtertiere vermehrt.

Wie das ohne viel Aufwand gelingt, beschreiben die langjährig erfahrenen Züchter Walter Wiest und Stefan Greff in diesem Praxis-Ratgeber.

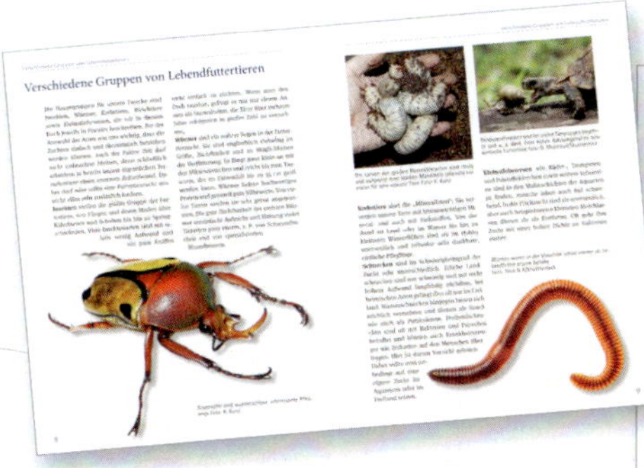

Natur und Tier - Verlag GmbH
An der Kleimannbrücke 39/41 · 48157 Münster
Telefon: 0251 - 13339-0 · Fax: 0251 - 13339-33
E-Mail: verlag@ms-verlag.de

www.ms-verlag.de